经典科学系列

可怕的科学
HORRIBLE SCIENCE

丑陋的虫子
UGLY BUGS

[英] 尼克·阿诺德／原著　[英] 托尼·德·索雷斯／绘　孙文鑫／译

U0257165

北京出版集团
北京少年儿童出版社

著作权合同登记号

图字:01-2009-4333

Text copyright © Nick Arnold

Illustrations copyright © Tony De Saulles

Cover illustration © Tony De Saulles，2008

Cover illustration reproduced by permission of Scholastic Ltd.

图书在版编目（CIP）数据

丑陋的虫子 /（英）阿诺德（Arnold，N.）原著；（英）索雷斯（Saulles，T. D.）绘；孙文鑫译 . —2 版 . —北京：北京少年儿童出版社，2010.1（2024.10 重印）

（可怕的科学·经典科学系列）

ISBN 978-7-5301-2371-3

Ⅰ．①丑… Ⅱ．①阿… ②索… ③孙… Ⅲ．①昆虫—少年读物 Ⅳ．①Q96-49

中国版本图书馆 CIP 数据核字（2009）第 183440 号

可怕的科学·经典科学系列

丑陋的虫子

CHOULOU DE CHONGZI

［英］尼克·阿诺德 原著

［英］托尼·德·索雷斯 绘

孙文鑫 译

*

北 京 出 版 集 团

北京少年儿童出版社 出版

（北京北三环中路6号）

邮政编码:100120

网   址：www . bph . com . cn

北 京 少 年 儿 童 出 版 社 发 行

新 华 书 店 经 销

三河市天润建兴印务有限公司印刷

*

787 毫米×1092 毫米 16 开本 8.5 印张 50 千字

2010 年 1 月第 2 版 2024 年 10 月第 63 次印刷

ISBN 978 - 7 - 5301 - 2371 - 3/N · 159

定价: 22.00 元

如有印装质量问题，由本社负责调换

质量监督电话: 010 - 58572171

目 录

等等我！

看见丑虫子了吗

科学有时极富神秘色彩。不过我指的可不是你的科学课作业（至于老师为什么让你做那么多作业，这确实是个神秘的问题），我指的是科学本身。你如果去问一位科学家整天都干些什么，你得到的也许是一大堆难懂的词儿。

我在研究鞘翅目昆虫的生物发光现象！

实际上他说的是：我正在观察黑暗中发光的甲虫。

这些听起来实在令人不解和生厌，更让人把科学想象成是一群穿着白大褂的专家在实验室里闷头搞技术发明。其实，科学离我们并不遥远，而且随时会出现在我们周围，和我们的日常生活息息相关。

科学有许多很棒的地方，也有不少很可怕的地方，那这本书主要写的是哪方面呢？嘿嘿嘿……当然是可怕的科学喽！先拿丑陋的虫子打个比方吧，你不用走太远就可以发现它们。随便搬起一块石头，就会有东西爬出来。再看看那些阴暗的、吓人的角落，肯定也暗藏着不少难看的虫子。又或者，在你想洗澡时，却发现自家的浴缸排水孔里正爬出一只硕大的毛蜘蛛（不过，它并不属于昆虫）。

瞧，丑虫子就是这样把科学带到我们的生活中来了。除此之外，当你看到一只螳螂抓到猎物并咬掉它的头时，还会很真切地感觉到生活的可怕。在这里，你有机会知晓更多有关丑虫子真实而可怕的事情。你也会理解为什么一些无知的大人要把一只丑虫子，甚至所有的丑虫子都拍死。

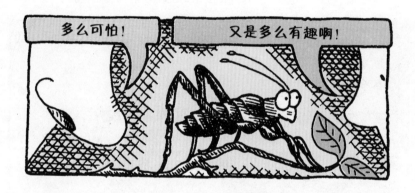

记住，最好把这本书放得离大人远点儿。因为：

1. 他们可能也想读它。

2. 这本书可能让他们做噩梦。

3. 当你读了这本书后，你知道的就会比他们知道的多得多。你可以告诉他们一些可怕而真实的科学常识。科学的含义与以前大不相同了。

丑虫一家亲

丑虫子的数量惊人，种类成千上万，这是最令人头疼的事情。在开始了解丑虫子之前，要把它们进行分类。这是一项可怕的工作，还非得有人去做不可。不过别担心，你不必亲自动手，因为一些科学家已经提前为你准备好了。

每种类型的生物被称为一个"种"，由一些"种"组成更大的单位"属"，由"属"再组成"科"。是不是有些糊涂了？接着往下读吧！

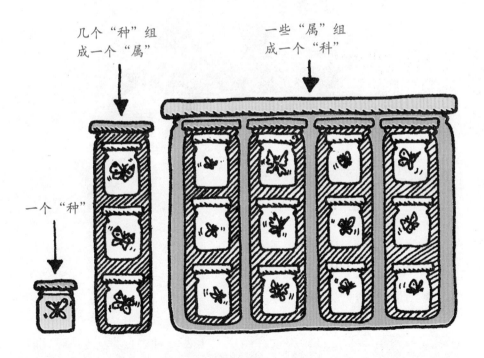

几个"种"组成一个"属"

一些"属"组成一个"科"

一个"种"

属于一个"科"的生物之间长得有些相像，丑虫子"科"的成员也不例外。虽然同科昆虫长相和习性都有不少相似的地方，不过它们大都独自生活，而不是住在一起。因为如果那样的话，它们也许会为谁早晨第一个用厕所而打起架来。

　　几个有联系的"科"组成"目"。然后，科学家又把一大堆"目"组成更大的单位"纲"。（"纲"的英文写法是"class"，"class"有"上课"的意思；"目"的英文写法是"order"，"order"有"命令"的意思。但这里所说的"纲"与"上课"无关，尽管"上课"时也要服从"命令"。）

　　下面先举一个例子。这只小小的昆虫是一只七星瓢虫。

比五星上将还多两颗星！！！

七星瓢虫

▶　七星瓢虫俗称花大姐。

▶　它是瓢虫科这个丑虫子家族的一员。

▶　它又属于鞘翅目，也就是甲虫目。

▶　而甲虫目则属于昆虫纲。

　　非常简单，不是吗？不过，昆虫有上百万种，要把它们分门别类，可不太容易！现在，你已经对这个分类系统略知一二，不妨让我们走进昆虫大家族中去看看。首先，我们去结识一下……

怪模怪样的虫子

　　昆虫的身体分为3部分：前边的头部、中间的胸部和稍后一点的腹部。昆虫的头部有一对触角，在胸部长着3对足。有着这样身体的昆虫，科学家们已经鉴定出差不多100万种，但仍有许多种昆虫等着我们去发现。

是的，我敢肯定它是一只昆虫，因为我清楚地看到它的头部、胸部和腹部！

蠼螋（earwigs）　大约有1000种。以前人们愚蠢地认为，当你睡觉的时候，蠼螋会爬进你的耳朵里，蠼螋的英文名字就由此得来。在蠼螋身体的后部长着一对难看的尾夹，雄性个体的尾夹是弯的，而雌性个体的尾夹则是直的。

蚱蜢、蟋蟀和蝗虫　有20 000种之多。它们跳来跳去，靠摩擦双腿来发出动听的声音吸引异性。

会模仿的昆虫　有2000多种，大多数生活在热带森林。竹节虫看起来像竹枝一样，而枯叶蝶长得像树叶。不论它们以哪种姿势待着，都好像是植物上的一部分。我们把这种现象叫做"拟态"，这是一种巧妙的伪装，也是丰富多彩的生命形式！

　　甲虫　在全世界至少有350 000种——没有哪类动物有如此之多。你永远不可能把它们都抓到。有些种类的甲虫非常稀少，在博物馆里也仅有一只标本。

　　白蚁　大约有2000种。它们喜欢炎热的气候。别看白蚁的身体又小又软，这可不意味着它们很软弱。白蚁建起来的巢穴就像宫殿一样，国王和王后是里面的统治者。卫兵对待工作一丝不苟，有时会动用武力保卫自己的城堡。

蚂蚁、蜜蜂和黄蜂　在全世界有100 000多种。它们的胸、腹之间有一段短短的"腰"部。大多数种类有翅膀（工蚁的翅膀没有发育，因为它们忙得哪儿也去不了）。

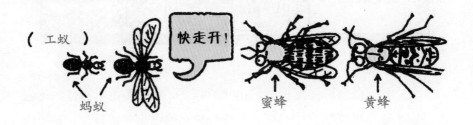

螳螂与蟑螂　有5000种。它们普遍具有吓人的习性。蟑螂总是在半夜偷袭食品储藏室；而螳螂则巧妙地把自己伪装成植物的一部分，伺机向无辜的猎物猛扑过去。

臭虫　全世界有55 000多种。它们用长得像吸管一样的口器去吮吸植物的汁液。你也许会想，这有什么可怕的？问题是，有些臭虫是喜欢吸血的。

苍蝇 有70 000多种。它们靠着一对翅膀飞行，这也是它们最为擅长的。它们还有另一对小翅膀，样子像小小的鼓槌，真正的功能是掌握平衡。正是这种让人恼火的构造，让它能够围着你的头自由自在地飞个不停。现在你知道苍蝇的厉害了吧。苍蝇还有个恶心的习惯，那就是有些种类的苍蝇最喜欢没事去舔舔发臭的黄油块，然后再跑到你的点心上旅行一圈。

孩子们，在三明治上把脚擦干净再进屋！

虱子 有大约250种。虱子们不愿修建自己的家，它们借住在别的生物身上。那儿又干净又暖和，高兴的时候还可以随时吸一口新鲜的血液。虱子能生活在所有的哺乳动物身上，只有蝙蝠例外。或者至少可以说，还没有人在蝙蝠身上找到过虱子。

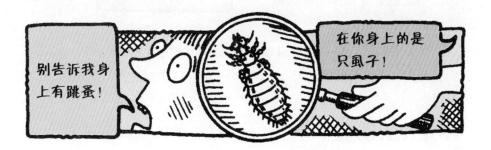

别告诉我身上有跳蚤！

在你身上的是只虱子！

蜻蜓、石蚕蛾和蜉蝣 属于3个不同的目，共有9000种。它们的生命从水中开始，然后再飞向空中。蜻蜓以前也叫"马刺"和"鬼针"。这两个名字起得奇怪，因为蜻蜓并不蜇马，而你也不能用蜻蜓的身体去缝补袜子，"针"和"刺"是从哪儿说起呢？

蜉蝣　　　　石蚕蛾　　　　蜻蜓（龙蝇）

我长得也不像龙啊！

蝴蝶和蛾　在全世界有165 000种，它们都有两对翅膀。它们从幼虫（称为"毛虫"）开始发育，然后把自己藏在一个盒子（称为"蛹"）里，重新组装身体各部分，直到以蝴蝶或蛾的新面貌出现。打个比方，这就如同你花几个星期的时间在睡袋里把身体拆卸，然后再以不同的顺序组合起来。虽然比方打得有点儿可怕，不过这个过程和蝴蝶或蛾的成长是很类似的。

你可能永远也不会认为我是它们中的一员！

　　看了上面这些难看的昆虫，你感觉怎么样？想不想去认识一下它们更令人讨厌的亲戚呢？

不是昆虫的虫子

　　如果一只丑虫子的脚多过6只，或者根本没有脚，尽管我们还管它叫虫子，但实际上它已经不属于昆虫了。

　　鼻涕虫和蜗牛　有70 000种，其中许多生活在海洋里。黏糊糊的鼻涕虫和蜗牛属于动物王国中的一大类——软体动物，章鱼也是软体动物，但在软体动物中，只有鼻涕虫和蜗牛的头上长着触角。

蜈蚣和马陆（千足虫）是两类不同的丑虫子。蜈蚣约有2800种，马陆约有6500种。虽然它俩长得挺像，不过当阴险的蜈蚣想吃掉马陆时，可怜的小马陆常常是无计可施的，只好乖乖地束手就擒。

土鳖有2000多种。它们长着7对脚。信不信由你，土鳖跟螃蟹和龙虾是属于同一纲的生物。

蜘蛛 有35 000种，但是科学家们相信，可能还有5倍以上的蜘蛛种类等待发现。多么惊人！大多数蜘蛛都吐丝结网。它们的身体分为两部分，一共有8条腿。

喜蛛

多毛毒蜘蛛

蚯蚓、刚毛蚓和水蛭 一共有6800种。水蛭是讨厌的吸血鬼，当它吸血的时候，身体可以增大到平时的3倍。水蛭有300多个不同的种。天啊，一种就够讨厌的！

螨类　有20 000种。和蜘蛛不同，螨虫的身体是一个整体。许多螨虫的体长不到1毫米，但同样有着极其可怕的习性。一些螨虫喜欢吃干酪皮和旧书中的胶水。还有一些螨虫喜欢吸动物的血。

现在你知道了，丑虫子的家族是如此繁杂。它们的种类这么多，相貌和大小又千差万别。但它们有一个最重要的共同点——就是食欲超级旺盛！就拿蠕虫来说吧，它们最喜欢吃黏糊糊的烂树叶，有些蠕虫的食性堪称恐怖。

恐怖的蠕虫

你不可能远离蠕虫。它们大多生活在土中，是极其常见的丑虫子之一。但我敢打赌，你肯定不知道蠕虫还有亲戚住在海里、池塘底和其他生物的身体里。蠕虫的种类成千上万，它们龌龊的习性也千奇百怪。不过，它们有一个共性，就是让你毛骨悚然。

令人作呕的发现

1977年，加拉帕戈斯群岛外的太平洋上

潜水器在下潜，样子怪怪的，有点儿吓人。仪器探测到海水异常地升温。照相机把周围的怪异景象拍摄下来。采样器收集了海沟中的水样。科学家们借此可了解更多海洋中的知识。在这之前，还没有人来到过这么深的海底。他们究竟发现了什么呢？

潜水器一点一点下潜，下潜深度已经超过世界纪录。透过观察窗，科学家们只能看到漆黑的海水。太平洋的海面已经距离他们2500米之遥了。潜水器每平方厘米的表面都要承受1吨重海水的压力。借助潜水器上发出的微弱灯光，科学家们可以看到形状各异的火山岩，但没有丝毫生命的迹象。他们开始打起冷战来。这里真的没有生物吗？答案就在眼前。

潜水器上的水温计测量到一股巨大的热流。海水由黑色变成天蓝色。科学家们在如此深的海底居然发现了天然的小烟囱。在这里，发出臭鸡蛋般恶臭的化学物质向上翻滚着，温度高得惊人。

在这滚热的、云朵一般的海水中生活着细菌，但它们太小，人们凭借肉眼看不到。无数的细菌聚在一起，就像翻滚的云朵。样子怪异、颜色惨白的螃蟹急匆匆地穿梭于海底的淤泥之中，寻找死掉的海洋生物。这里还有不少巨蛤。就在这黑暗的混沌之中，奇特的情况出现了。

科学家们简直被眼前的景象惊呆了。这是些什么生物呢？它们是不是来自外星的生命形式？它们看起来怎么如此让人恶心？这些生物的红色顶端样子十分奇特，在海水里摇来摇去。它们的身体藏在长长的、白色的直立管子里，每条都有4米长，有和人一样的红色血液。它们就是巨型的海洋蠕虫，是目前人类所见到的最大的蠕虫，并且属于未知的种类。这些丑陋无比的虫子没有口和胃。那么，它们怎么吃东西，又吃些什么东西呢？

想解开这些谜只有一个办法。潜水器上的机械手伸了出来，把蠕虫从"家"里拖到了船上，一位勇敢的科学家把蠕虫切开。猜一猜，他在蠕虫体内发现了什么？

a）螃蟹。

b）一些落到海底的死亡动物。

c）细菌。

答案

c）数以亿计的细菌，也就是那些把海水搅浑的细菌。有趣的是，蠕虫并不真的吃细菌！在蠕虫的肠子里，细菌吃掉水中那些难闻的化学物质，然后制造出蠕虫可食的新的化学物质。多么精妙的安排！

蠕虫的种类

蠕虫主要分3个目：扁虫目、带虫目和环虫目。你怎么来区分它们呢？

奇异的扁虫

扁虫因身体扁平而得名。它们的身体不分环节，样子很令人讨厌。也许，扁虫是你能见到的最丑陋的蠕虫。

寄生性的绦虫就是扁虫的一种，它们能够生活在动物的胃里！还有一种绦虫专门吸食比自己小的动物；碰到大一点儿的猎物，它们就先把猎物包起来，再去吮吸。

寄生性绦虫

绦虫有一个生活在水里的近亲，身体呈乳白色，近于透明，所以你可以看到它们的食谱。它们繁殖的方式之一就是把自己的身体一分为二。

怪异的带虫

大多数带虫生活在海洋里。有时，带虫把难看的、像管子一样的结构从头部探出来，去捕获其他没有防备的蠕虫和小一点儿的生物。有的带虫长得很长，一种叫做"鞋带虫"的蠕虫体长可达数米。你想不想见识一下像鞋带那么长的蠕虫？

不可思议的环虫

环虫的外表令人胆寒。它环形的身体分成若干环节。其中有些是寄生虫，可以致病。还有些种类生活在土壤里、海洋中或淡水里。它们靠吃小的动植物为生。

有一种叫做"鬃毛虫"的蠕虫就属于环虫目。也许你在海边见到过它们。有的鬃毛虫在沙子里建起管道，藏身其中，把触手伸到外面。它们一边爬，一边用两对颚、两对触角和4只触手搜寻猎物。它们特别喜欢吸食蜗牛的肉。口福不浅！

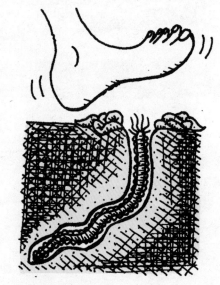

一种叫"海耗子"的环虫，长着老鼠一样吓人的身体。虫子像老鼠，听起来挺好玩吧？但这种蠕虫能长到18厘米长、7厘米宽。大小和真老鼠差不多！

你想不想与一位环虫的家族成员交个朋友？请往下看……

蚯蚓世界

虫子档案

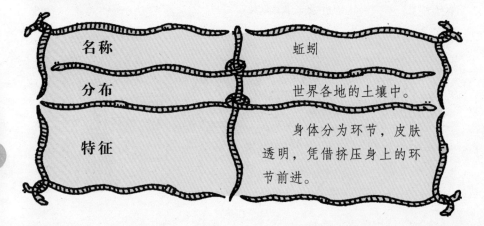

名称	蚯蚓
分布	世界各地的土壤中。
特征	身体分为环节，皮肤透明，凭借挤压身上的环节前进。

图解

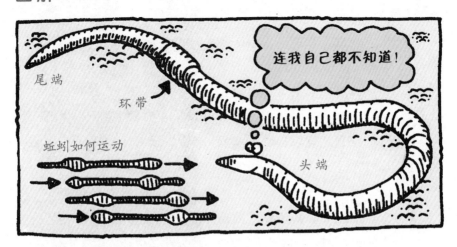

蚯蚓让人烦吗

"是的"，这是从不喜欢蠕动生物的人那里得到的答案。

但一些非常著名的自然学家却说"不"。

吉尔伯特·怀特在1770年这样写道：

蚯蚓在自然界尽管其貌不扬，而且给人很龌龊的感觉，但是一旦没有了蚯蚓，将会造成可悲的后果。

达尔文也谈到了蚯蚓……

蚯蚓在世界历史中具有极为重要的地位。

那么这些丑陋的虫子到底有什么重要性呢？

▶ 蚯蚓在地下挖洞，混合了土壤，把重要的矿物质带到地表，这样，饥饿的植物就可以轻易地吸收到营养。

▶ 蚯蚓挖洞还可以提高土壤的通水性和透气性，以利于根的吸收和呼吸。

▶ 蚯蚓把树叶和其他腐烂的物质拖进它们挖的洞中。这种腐烂的物质也可被植物的根系吸收。

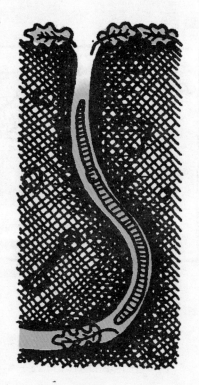

哪儿的土壤中有许多蚯蚓，哪儿的植物就会长得很好。实际上，在欧洲和美国有一些蚯蚓饲养者每天可以培养出500 000条蚯蚓，用来出售给农民。多好的蚯蚓哪！

但蚯蚓仍是丑陋的虫子，所以它们的确有一些可怕的习性。当你家门前的美丽草地被蚯蚓占领后，就会出现一些难看的小土丘。蚯蚓喜欢啃食莴苣，它们在土中穿洞，还会损害植物的幼苗。不过这些都不要紧——如果你觉得蚯蚓讨厌，可以把它们做成鱼饵。

你是蚯蚓专家吗

你可能会认为蚯蚓是极其无趣和讨厌的。当然了，你是对的。但如果你稍微深入研究一下它们单调的生活，你就会有一些惊人的发现。看看你能否猜出这些答案来。

1. 在每公顷农田中你能数出多少条蚯蚓？

2003条……

a）3条。

b）65 697条。

c）200万条。

2. 蚯蚓为什么长毛?（这是真的。你用手摸一下蚯蚓就知道了——如果你敢的话！）

　　a）帮助它们向前移动。

　　b）防止鸟把它们从土里拉出来。

　　c）为了把它们挖的洞清理干净。

3. 为什么一条蚯蚓会被一块隐藏的石头卡住?

　　a）石头滚进了蚯蚓为抓甲虫而挖的洞中。

　　b）蚯蚓从它们挖的洞中把土运上来时，被沉下来的小石头卡住了。

　　c）蚯蚓的隧道在石头下面，石头掉进了隧道中。

4. 曾经发现的最长的蚯蚓有多长?

　　a）20厘米。

　　b）45.5厘米。

　　c）6.7米。

5. 蚯蚓身体上有一块像马鞍子的部位被称为环带。它到底是干什么用的?

　　a）让蟋蟀骑。

　　b）携带食物。

　　c）携带卵。

6. 如果你切断了一条蚯蚓末端的一小部分身体，会发生什么事情?（这道题就不必亲手实验了。）

　　a）它变得紧张了。

　　b）它长出了一个新的尾巴。

　　c）它把切断的两部分再重新结合起来。

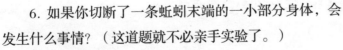

7. 鼹鼠到底会对蚯蚓做什么举动？

a）吃掉它们。

b）把它们的脑袋咬掉。

c）咬掉它们的脑袋却让它们逃走。

好味道！

答案

1. c）令人惊奇吧。

2. a）和b）！对不起，这是一个有点欺骗性的问题。

3. b）这样做使土壤的水平面升高了，而在土壤原来水平面上的东西就沉了下去。

4. c）有一种巨大的蚯蚓生活在南非。这种怪物在1937年于德兰士瓦省爬出地面。

5. c）这个环带帮助蚯蚓蠕动，在生殖时期它能分泌粘液形成卵茧。

6. b）

7. 另一个有点欺骗性的问题。答案是这3个都对！a）鼹鼠喜欢吃多汁的蚯蚓。b）当它们吃饱后就咬掉蚯蚓的头，并把它们放进"储藏室"中。这不会杀死蚯蚓，但能防止蚯蚓逃跑！c）但有时蚯蚓有足够的时间长出另一个头，然后逃走！

你敢不敢试试怎样吸引蚯蚓

你需要：

▶ 一个好天气，但不要太干旱

▶ 一块草地或花床（要确保土壤稍微有点儿湿）

▶ 一支干草叉（可选）

▶ 一个高保真扬声器（可选）

你要做的：

1. 你要模仿下雨。

2. 你可以通过上下跳动来制造振动，把扬声器面向地面放音乐，或者用一支干草杈插入地面摇摆一会儿。然后用你的想象力创造你自己的短暂的、急速的降雨。

但这为什么会使蚯蚓爬出地表呢？

答案

蚯蚓喜欢下雨，因为它们必须使皮肤保持潮湿，而不被晒干。当它们感觉到雨滴敲打在地面上时，就露出脑袋来看一看。

你肯定不知道！

在英国南特维茨的一所小学，每年夏天，都举办一场奇特的比赛——世界蚯蚓魅力锦标赛。是的，这是真的。一个多么吸引人的传统娱乐项目呀！

黏糊糊的蜗牛和鼻涕虫

　　它们的体表都覆盖着黏液，爬行十分缓慢，并且都有长在触角末端的眼睛。如果这还不算足够丑陋的话，它们还啃食你花园中的莴苣。因此人们不喜欢它们也就不足为怪了。但鼻涕虫和蜗牛真的那么可怕吗？它们真的那样臭名昭著吗？是的，它们的确是。下面就是原因。

虫子档案

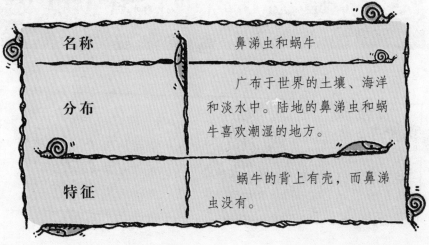

名称	鼻涕虫和蜗牛
分布	广布于世界的土壤、海洋和淡水中。陆地的鼻涕虫和蜗牛喜欢潮湿的地方。
特征	蜗牛的背上有壳，而鼻涕虫没有。

壳
可怕的黏糊糊的触角
呼吸孔
足
头
令人讨厌的黏黏的身体
足

24

你不想知道的关于蜗牛的7件趣事

1. 世界上最大的蜗牛是非洲巨蜗牛，从其壳的顶部到头部可长达34厘米！它吃香蕉以及死去的动物。

2. 大蒜草蜗牛闻起来有强烈的大蒜味。它并不真的可怕，但是它的这种可怕的气味一定会使吃蜗牛的鸟窒息。

3. 当蜗牛在你妈妈珍视的菜花上大啃大嚼时，会用到它的齿舌——就是它的舌头。齿舌非常粗糙，用来磨碎食物。

4. 一些海生的蜗牛吃肉。这些蜗牛有尖牙齿——很适合捕捉以及咀嚼它们的猎物！

5. 最令人讨厌的海蜗牛是狗海螺。它们把卵产在一个坚硬的胶囊中，胶囊附着在海床上。但是幼体一孵化出来，就猎捕和啃食它们自己的兄弟姐妹。

好饱啊，不过——现在没人能陪我玩儿了！

6. 另一种讨厌的海蜗牛是荔枝螺。下面就是荔枝螺钻洞的过程：

a）它制造一种可以软化牡蛎壳的化学物质。

b）它用齿舌摩擦牡蛎壳，并且在需要的时候重复步骤a）。

c）它向钻开的孔里插入吸食管吸食牡蛎的汁液！

7. 但蜗牛也不总能任意而为。一种很小的虫子生活在琥珀蜗牛的体内。有时这种虫子释放的化学物质使蜗牛的触角变成橘黄色！

这种鲜艳的颜色展示吸引一种鸟啄掉蜗牛的"皇冠"。于是这种虫子又在鸟体内开始了新生活。那蜗牛怎么样呢？它会长出新的触角，一切就又恢复正常了。

哦，不！它们一定又变成橘黄色了！

丑陋的鼻涕虫

鼻涕虫就像背上没有移动房子的蜗牛。如果仔细想一下——鼻涕虫的选择更聪明些。你没见过蜗牛能钻过低矮的缝隙吧？没有壳的鼻涕虫却可以滑进狭小的角落和缝隙中。如果你敢于发掘的话，鼻涕虫还有许多闪光的秘密。

你敢与丑鼻涕虫交朋友吗

下面就是怎样与鼻涕虫接近的方法。天知道，也许你将经历一次极其有趣的遭遇！

1. 首先找到你的鼻涕虫。通过它们留下的可怕的银色黏液痕迹，你就可以看出在哪儿有鼻涕虫。它们喜欢在炎热潮湿的夏季夜晚在外面爬行。跟踪它留下的踪迹，直到你发现躲藏在叶片下的鼻涕虫。

2. 当把你的鼻涕虫放进玻璃罐中时，你要习惯于手指间黏滑的感觉。

噗！

3. 当你的鼻涕虫在罐子光滑的内壁上爬时，你会惊奇地观察到，它通过来自足部的一层黏液移动。这层黏液允许鼻涕虫黏附在玻璃上，通过波形运动使它的足部向前移动。不过你可千万别想用蘸了生鸡蛋汁液的脚爬上玻璃墙壁哦！

4. 设想你是一只鸟。你愿意吃鼻涕虫吗？不喜欢吃——这种黏液的味道太讨厌了！但刺猬却认为它们是极其可口的美味。

5. 把你的新朋友放回找到它的地方，因为你那样做的话，才是真正对待朋友的态度。

如果你在一个温暖而潮湿的夜晚懒懒散散地漫步在花园内，你或许会遇见盾壳鼻涕虫。这种非常凶险的鼻涕虫是以身体最顶端有很小的壳而得名。你能猜到它吃什么吗？线索：不是莴苣。

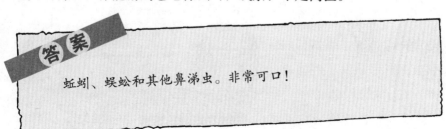

答案

蚯蚓、蜈蚣和其他鼻涕虫。非常可口！

关于鼻涕虫的7件趣事

1. 陆地上最大的鼻涕虫是一种体型大、颜色灰白的英国鼻涕虫。它可以长到20厘米！

2. 不过，一些海生的鼻涕虫可以长到40厘米，重7千克，它们大多有极鲜艳的颜色。

海生鼻涕虫

令人恶心的肉质突起

3. 有些鼻涕虫还有非常奇怪的习性。海神鳃就是一种能够靠胃里的空气，肚皮朝上漂浮在海面上的海生鼻涕虫。

海浪中的生活……

4. 再回到田地，鼻涕虫是农民不共戴天的敌人，因为鼻涕虫啃食庄稼。如果鼻涕虫不吃马铃薯，那么保留下来的食物就可以让400 000人吃一年！

5. 陆生鼻涕虫还有一些奇特的本领，比如利用黏液把自己从很高的地方降下来。

早上好！妈妈！

6. 跟蜗牛和蚯蚓一样，鼻涕虫也是雌雄同体。

7. 当鼻涕虫交配时，它们紧靠在一起并且用黏液盖住身体。然后它们向彼此发射被称为是爱情之箭的小箭头样的东西，以进入状态。非常浪漫——如果你也是一只鼻涕虫的话！

你肯定不知道！

　　丑陋的鼻涕虫能够判断风吹的方向。这是千真万确的！鼻涕虫总是爬离风大的地方，目的是不使身体过快地变干。

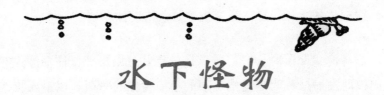

水下怪物

　　为什么不忘掉可怕而丑陋的鼻涕虫，在安静的池塘或河边放松一下自己呢？你有这样的机会，不过丑虫子比你更喜欢水。在黑暗的水下隐藏着一些小型的潜流动物。

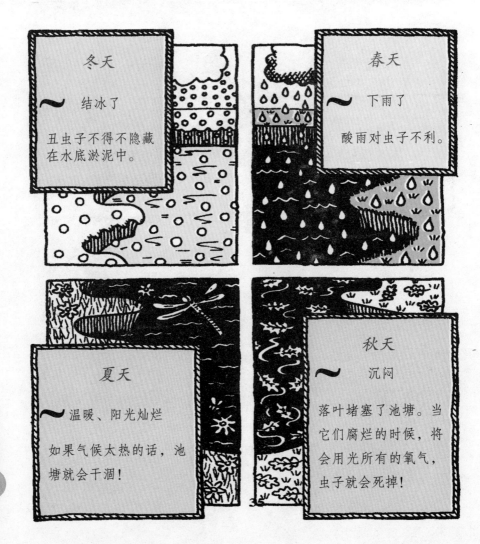

冬天

〜　结冰了

丑虫子不得不隐藏在水底淤泥中。

春天

〜　下雨了

酸雨对虫子不利。

夏天

〜温暖、阳光灿烂

如果气候太热的话，池塘就会干涸！

秋天

〜　沉闷

落叶堵塞了池塘。当它们腐烂的时候，将会用光所有的氧气，虫子就会死掉！

把池塘想象成一碗可以喝的汤，里面充满了各种微小的动物和植物。最大的生物总是想吃掉较小的生物，较小的生物想吃掉更小的生物，它们总是在竭尽全力避免被其他生物所猎食。这就是科学家们所说的食物链。如果你一定要弄清楚谁被谁吃掉了，那么你一定会被搞糊涂的。

池塘是一个可怕的生存场所，除了要对其他种类的动物严加防范外，全年还有许多的灾难。与此同时，可怕的人类还将有害的垃圾和有毒的污染物都倾入池塘，然后他们又很快地排干了池塘，里面所有的动物就都得死翘翘了！

警 告

上面的事实告诉我们，没事别往池塘里跳！

奇异的水下生活方式

每只生活在淡水中的虫子都已经形成了特有的生活和饮食习惯。看一看你能否将图中的每只丑虫子与其特有的生活方式配对。

1. 悬挂在水面下，通过一根管道进行呼吸。用爪子抓住路过的虫子，吸吮它的汁液。

2. 生活在水下，潜水呼吸器是由丝和气泡组成的。吃任何可移动的水生生物。

3. 倒挂在水面上，用壳存储空气。吃小型的植物。

4. 在水面上行走，寻找落到水面的虫子。轻盈的身体和宽阔的腿部使它能够不破坏水的张力，轻松地站在水面上。

5. 在水中生活并且跳跃着逃跑。靠吃微小的植物生活。

6. 靠在水面以圆弧形游泳和潜水逃离危险。有4只眼睛，2只在水上而另2只在水下。它还能飞翔！吃池塘里其他的虫子。

a）水蝎

b）水步量虫

c）陀螺甲虫

d）池塘大蜗牛

e）水蚤

f）水蜘蛛

1. a）

2. f）

3. d）

4. b）

5. e）

6. c）

奇异的水上运动

只要池塘中的环境适合且有充足的食物，那么生活对于这个池塘中的丑虫子来说就像是个悠长的假期。绝对值得羡慕！

欢迎光临

丑虫子水上世界！

水上运动中心，这儿的休闲可是致命的！

我们不能保证您的安全。如果您被吃掉可不是我们的错——明白吗？

潜水能手

与大的潜水甲虫一起潜入危险中吧！在你的翼下储藏一些空气，这样你在水下待的时间会长一些。还要学习一下在水下捕食猎物及进食的本领。

乘筏钓鱼

同我们的划筏蜘蛛一起享受悠闲的划船吧。当你在我们的树叶筏上漂流的时候试着钓1条鱼，就把你8条腿中的1条作为诱饵来吸引小鱼。

我们最好还是待在家里吧，孩子们！

强有力的甲虫划艇比赛

与一个流浪甲虫快艇的比赛。当甲虫快艇发动并穿过水面时请抓紧点儿。我们所有的甲虫都在身体后腹部有气体发动机驱动的螺旋桨。

水中自在的游泳

跟我们优秀的仰泳者——水中船夫甲虫学习标准的仰泳吧。而学习正常向前游泳，就由它的助手——小船夫教你。

现在你已经有胃口了。还有比我们特有的水下饮食中心更好的休息场所吗？

石蚕蝇幼虫咖啡馆

具有丝质墙纸的沙砾建筑——这对休闲和正式的宴会来说是最好的地方。在你的石蚕蝇厨师长大并飞走之前赶快预订。你是素食主义者吗？不要担心！附近的石蚕蝇幼虫咖啡馆提供由有点黏的植物以及腐烂的树叶碎片组成的菜单。不过你要时刻保持点儿警惕，因为附近的鲑鱼有时就想吃掉这间"咖啡馆"。

咖啡馆

小心鲑鱼

你肯定不知道!

　　5月和6月是蜉蝣孵化并开始新生活的日子。然而,它们仅能活一天到两天。它们交配、产卵,然后就死去了。其他丑陋的虫子和可怕的鱼就疯狂地抢食它们的尸体。

生日快乐!

令人厌恶的水蛭

　　潜伏在你家的池塘或水沟的底部,这是一种使其他虫子都相形见绌的生物,它实在是太可怕了。简直让人没法不讨厌它们!

虫子档案

名称	水蛭
分布	广布于世界的水域或潮湿的热带雨林中。
可怕的习性	吸血。
有益的习性	用于治疗中……吸血(真令人惊奇)。
特征	长长分节的身体,在身体前部的下方有个吸盘。

可怕的吸血虫

令人厌恶的可伸缩的身体

最令人讨厌的水蛭奖章

扁蛭
喜欢吸食水下蜗牛的身体汁液。

蚂蟥
这些30厘米长的水下怪物喜欢吃腐烂的肉和新鲜的虫子。

鼻孔蛭
喜欢爬到涉水鸟类的鼻子上。从名字上看你就知道了，这种可怕的水蛭就在涉水鸟类的鼻孔中取食。

讨厌的水蛭气压计

但是，水蛭也有它们的用处。这里将介绍一个简单的维多利亚女王时代的发明，不过它的功能就不用再验证了。把一条水蛭放在装着新鲜池塘水的瓶中，用一块布盖住瓶口并牢牢扎紧，不时地用血喂你的"气压计"。

如何读气压计

1. 水蛭爬到瓶子的顶部就意味着快要下雨了。如果天气平静下来，那么它也会爬下来。

2. 懒散的水蛭躺在瓶底意味着好天气或严寒的天气。

3. 不安静的水蛭预示着一场暴风雨的来临。

令人毛骨悚然的爬虫

每个人可能都有这样的经历，搬开石头后会发现模样可怕的虫子。这些令人毛骨悚然的爬虫可能包括：蜈蚣、千足虫和土鳖。现在你可能会认为它们都是伙伴，因为它们生活在相同的地方。哇，那你可完全错了。一旦有机会，蜈蚣可是很喜欢吃千足虫的。而这仅仅是它们差异中的一点！

虫子档案

名称	蜈蚣和千足虫
分布	全球分布，常发现于落叶和腐烂的木头中。
特征	蜈蚣类：身体分节，略微扁平。每一体节上有一对足；有2条较长的触须。 千足虫类：身体分节，呈环形。每一体节上有4条足；有2条较短的触须。

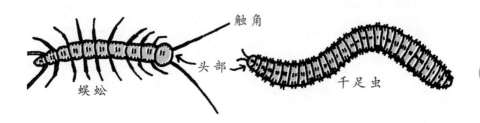

触角

头部

蜈蚣　　　　　　　　　千足虫

令人毛骨悚然的对比

1. 足的数目

千足虫意味着有"千条足"吗？这说明有些科学家是数不清楚数的。事实上，千足虫的足没有超过300条的。

蜈蚣也叫百足虫，但科学家们再一次完全搞错了！许多蜈蚣类的足少于30条。

2. 爬行

当一条倍足纲的虫子（千足虫）爬行时，它的身体是通过波浪式的运动向前滑行的。而当蜈蚣爬行时，它的脚交替向前行走，就像人正常行走一样，在身体后部还有特别长的足使它不会绊倒。

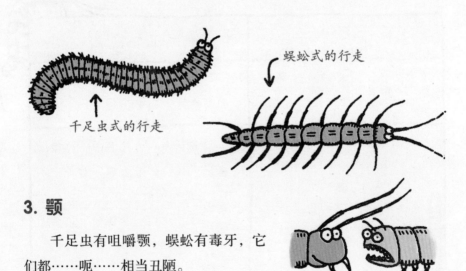

蜈蚣式的行走

千足虫式的行走

3. 颚

千足虫有咀嚼颚，蜈蚣有毒牙，它们都……呃……相当丑陋。

4. 浪漫的问题

千足虫有一个大问题——它们的视力不好。所以雄性千足虫发明出一些吸引配偶的奇异方式。

▶ 其中一些用头部重击地面。

▶ 其他一些发出大声的尖叫。

▶ 有一些释放出特殊的气体。

▶ 另一些把它们的脚凑在一起相互摩擦发出声音。

在这方面，雄性蜈蚣却另有主意。所有的蜈蚣类都极具进攻性，因此漂亮的雌性可能会把自己的男友给吃掉！因此，雄性蜈蚣会先在雌性的周围行走，用它的触须轻轻地拍打它以表明它的友好。

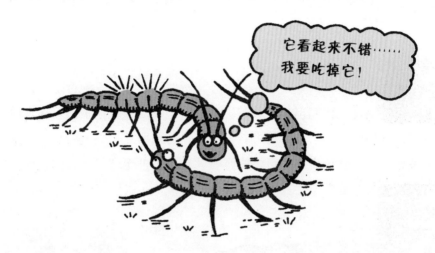

凶恶的千足虫和百足虫

百足虫喜欢吃千足虫——如果它们有机会的话。但是千足虫通常要拼死抵抗！下面就是这么一幕……

百足虫的进攻计划：先用毒牙刺中猎物，然后注射毒液。等猎物停止扭动后，再慢慢吃掉它。

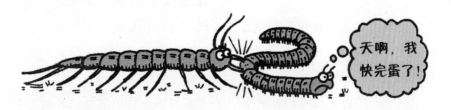

千足虫的防守计划：蜷缩成球形，从身体两侧的臭腺中喷射出难闻的液体。

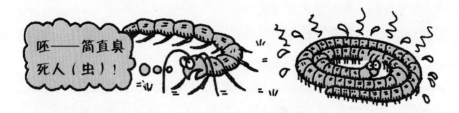

呸——简直臭死人（虫）！

你认为谁更有机会获得胜利——受到威胁的千足虫还是凶恶的百足虫？

在某些地方，百足虫和千足虫可以长成巨大的个体。巨大的千足虫可以长达26厘米。

这些怪物还长有令人恐怖的毒牙。所罗门群岛的一种百足虫，咬人一下特别疼。传闻当地的人若被这种虫子咬后，就把手插入沸水中以忘掉疼痛！（这招儿真的可行吗？）在马来西亚，当地的百足虫咬人被旅游者形容成比蛇更可怕的叮咬。在印度甚至有更吓人的传闻，有人被大的百足虫咬死。

今晚吃鸡肉！

但是体型再大也不能使巨大的百足虫和巨大的千足虫逃离可怕的死亡。在非洲萨瓦那，常常可以见到巨大的犀鸟眼盯着地面缓慢行走。突然，它们用其长长的喙捉住一只路过的百足虫，而百足虫没有机会咬到身后的犀鸟。撕断、嚼碎、吞下，这只可怜的大百足虫就成为犀鸟的可口点心了。

另外一些百足虫被蚂蚁大军所消灭。的确，百足虫可以轻而易举地杀死几百只蚂蚁，但当10 000只蚂蚁对付一只百足虫时，可怜的百足虫就没有任何逃生的机会喽。

　　千足虫也有它的天敌。灰沼狸经常吃千足虫。有趣的是，灰沼狸在吃千足虫时总是皱起脸。当然了，谁会期待一只千足虫能有什么好味道呢？

你敢和千足虫交朋友吗

　　现在有一个好消息。有些千足虫基本是无害的，但你必须温柔地对待它们，并且不打算把它们当做一顿美味。下面就来介绍如何为它们做一顿美餐。

　　1. 首先要找到你的千足虫。（先确认它是千足虫，而不是百足虫！）千足虫一般躲藏在阴暗的地方，所以尽量在落叶中、堆肥中及松散的树皮中寻找。

　　2. 取出你的新伙伴并把它放进小罐中，在罐中放一小半土，并在土上放一块树皮，使千足虫可以隐藏。

　　3. 然后准备一顿可口的美餐。千足虫一想到下面这些东西就会大流口水，比如一颗成熟的黑莓、一片马铃薯皮、一片腐朽的老莴苣叶或者是一小块苹果。

　　4. 把罐子放在黑暗隐蔽的地方。

　　5. 第二天检查一下千足虫喜欢吃哪种食物。

　　6. 然后到了与你的千足虫伙伴说再见的时候了。

把你的朋友放回到你发现它的地方。那儿必须有充足的食物和合适的隐蔽场所，再让我们祈祷那儿附近没有游荡的百足虫。否则刚刚受过你殷勤款待的千足虫很快就会变成别人的大餐了。

土鳖的生活

除了千足虫和百足虫，在你的花园里还生活着成百只土鳖。在英国有50种不同的土鳖，它们都很敏感、爱紧张，因此当你读到这段书时一定要安静点儿。最普通的一种称为普通土鳖，或者叫药丸虫——不是肚子痛时要吃的那种药丸。

虫子档案

名称	土鳖
分布	广布于世界黑暗、潮湿并有腐烂物质的地方，如泥泞的树叶中。
特征	体长约15毫米，有7对足和2条触须。周身有片甲，身体分节使其可自由地移动。

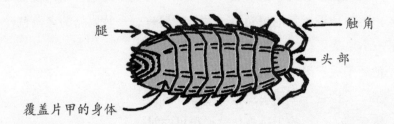

腿

触角

头部

覆盖片甲的身体

药丸虫可以使身体蜷缩成球形（不过你可别弹这个球哦！）——许多土鳖不能做到这点。一些人认为土鳖是令人讨厌的。但和往常一样，他们都错了。土鳖其实十分有趣。

关于土鳖的10个非常有趣的事实

1. 并不是很多人都知道这一点，但土鳖不是寄生虫！事实上，乡村里的人给土鳖冠上各种各样的名字。

2. 土鳖有一些极有趣的亲属。螃蟹、小虾、对虾、龙虾和土鳖都是甲壳纲动物。许多人都很喜欢吃它们海生的亲属。你可能会认为不会有很多人喜欢吃土鳖……那你就错了。

3. 这不是可怕的习惯，而是美味的佳肴。盐腌后用油炸的土鳖是一道非洲的特色菜。他们像吃油炸土豆片一样吃这些土鳖。

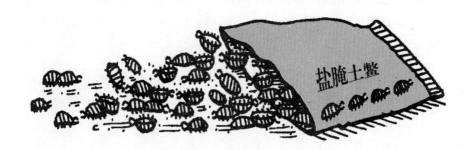

4. 但是土鳖自己却有一个可怕而讨厌的食谱，它们喜欢吃腐烂的植物和霉菌。这可不是每个人都喜欢的东西，但一定要有些生物来吃掉它们，否则我们将很快面对深没膝部的废物。土鳖确实以吃这些奇怪的食物快乐地生活着。它们还吃自己的排泄物和脱皮后的外壳。

5. 土鳖最初以卵的形式存在于它们母亲的胃颊袋中。4周后它们孵化成小的土鳖。幼土鳖与双亲一起生活，对于丑陋的虫子来说，以这种方式开始生活是十分罕见的，因为大多数虫卵被它们的母亲所抛弃。虽然可怕，但事实的确如此！

跟紧点儿，亲爱的！

6. 土鳖的生活充满了戏剧性和令人激动的情景。它们让大多数的电视肥皂剧为之逊色。土鳖从不过早地上床休息。它们白天睡一整天，每天晚上都出去。然后它们侵占了你的家。

7. 你最可能在潮湿的地方看到土鳖，因为对土鳖来说，最大的威胁是脱水。实际上，每年都有上百万的幼土鳖仅仅由于干旱而悲惨地死去。

8. 一些土鳖生活在非常有趣的地方。有一种土鳖生活在黄蚁巢的内部，并且吃它们的排泄物。另一种土鳖生活在海边光滑而腐烂的海藻堆下。

9. 土鳖有一些既致命又有趣的敌人。其中最危险的是可怕的土鳖蜘蛛。一旦被土鳖蜘蛛铁钳式的爪抓住，土鳖就只有死亡的命运了。

土鳖蜘蛛把它的毒液注射入土鳖体内，它就会在约7秒钟内死去。那么快，也许没有痛苦吧⋯⋯

10. 另外还有很多十分恶心的土鳖寄生虫。比如有些小虫会生活在土鳖体内⋯⋯并且最终杀死它们。也有些讨厌的蝇类幼虫爬进土鳖的体内，从身体里面向外吃掉它们。

你敢和土鳖交朋友吗

土鳖可能不是丑虫子世界中的精英，不过它们也有一两样拿手的生存小技巧。所以，为什么不用你的土鳖做个实验？对它所做的事做一个记录，然后尽量弄明白土鳖为什么要这样做。

1. 首先，在石头下、木头下或者潮湿的角落里找到你的土鳖。

2. 找一块木头（或尺子），让你的土鳖从不同的角度爬上这块木头。你的土鳖会：

a）从木头的另一个面爬下来

b）轻松地爬上木头

c）奋力地爬上木头

3. 找个只有一半盖子的小箱子，看一看土鳖更喜欢待在哪半边：

a）亮的一边

b）暗的一边

4. 把你的土鳖放在桌子上面并用铅笔尖轻轻地刺它。

这对于土鳖来说是一件相当恐怖的事（如果你吃饭时间在餐桌上做这件事，而且被你老妈看到，那对你来说也是非常恐怖的）。你的土鳖会：

a）蜷成一个球形

b）逃走

c）紧贴着地面

d）装死

e）产生一种令人讨厌的物质以使你不会吃它

5. 不要忘记把你的土鳖完好无损地放回到发现它的地方。

你肯定不知道！

你的土鳖可以轻易地逃离危险。它躲在阴暗处，这样就不会在太阳底下脱水……当它感觉处于危险中时，它还有许多求生的小技巧。

通过上面这些小技巧的总结，你是不是也认为土鳖确实有些高明的生存小把戏？更何况还有那么多的丑虫子与之竞争，比起它们，土鳖显得可爱多了。好吧，下面我们来认识一下昆虫侵略者！

昆虫侵略者

　　无论从什么样的观点看，昆虫都是丑虫子中一个极其重要的群体。昆虫是最多样的、最无情的、最贪吃的生物，还有一些人认为它们是这个星球上最令人讨厌的生命形式。世界上大约有超过百万种昆虫，这比世界上所有其他动物物种数量的总和还要多10倍。

　　毫不奇怪，事实上你可以在你看到的任何地方发现昆虫——如果你确实仔细看的话！它们对我们的生活也有很大的影响。因为它们常常扮演侵略者的角色，对农作物、家庭、学校……发起进攻，几乎没有什么地方可以躲开昆虫的入侵！

昆虫的身体各部分组成

尽管昆虫存在许多差异，但它们都有相似的基本特征。我们以下面这只漂亮的小甲虫为例，来看一下昆虫的各部分构造。

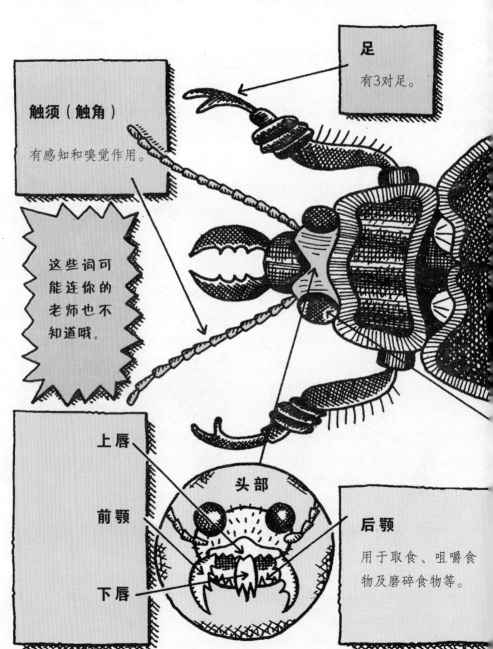

足

有3对足。

触须（触角）

有感知和嗅觉作用。

这些词可能连你的老师也不知道哦。

上唇

前颚

下唇

头部

后颚

用于取食、咀嚼食物及磨碎食物等。

呼吸孔(气门)

通过小管把空气传递到身体的各个部分。

身体后部（腹部）

包含内脏及产卵器官。

眼

昆虫可以看到很多小的图像——这有点儿像同时看几百个电视，但它们的"电视"都是六边形的，并且每一个图像都不够清晰。不过，它们对任何运动的以及可以取食的东西仍有很好的辨别能力。

翅

大多数昆虫都有翅。它们可以上下摆动，并由身体内部的肌肉所控制。

触目惊心的昆虫纪录

1. 最长的昆虫

产自婆罗洲的巨大竹节虫看上去像根破旧的木棒。它们最大可长达33厘米。

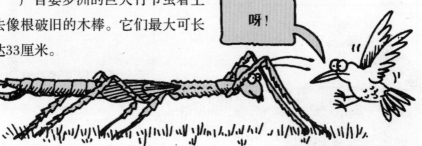

呀!

2. 最大的飞行昆虫

新几内亚有一种叫王后亚历山德拉的鸟翼蝴蝶，它的翅膀展开有28厘米宽。但这还不算什么——仅仅3亿年前，那儿有一种巨大的蜻蜓，翼展有75厘米宽！

3. 最小的昆虫

漂亮的小仙女蝇实际上是最小的黄蜂，仅有0.21毫米长。不过不要害怕，它们不叮人。

4. 最重的昆虫

一只产自中非的巨甲虫可重达100克。

5. 最轻的昆虫

最轻的昆虫是一种寄生的黄蜂。2500万只这样的昆虫才与一只巨甲虫的重量相当。

6. 飞行速度最快的昆虫

有一种澳大利亚的蜻蜓飞行速度可高达每小时58千米。

7. 繁殖速度最快的昆虫

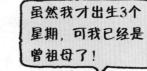

雌性蚜虫生出幼体，在这些幼体体内有发育的卵，在发育的卵内还有更多的发育的卵，如此下去。这样，一个夏季一只雌性蚜虫能够产生上百万只后代也就不足为奇了。

虽然我才出生3个星期，可我已经是曾祖母了！

可怕的昆虫习性

一些丑陋的虫子在发育成长过程中，身体形态仅发生微小的变化，而另一些则发生彻底的改变。因此，昆虫习性分为两种可怕的类型。

可怕的习性 1

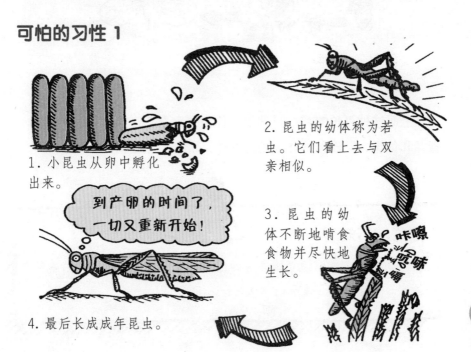

1. 小昆虫从卵中孵化出来。

2. 昆虫的幼体称为若虫。它们看上去与双亲相似。

到产卵的时间了，一切又重新开始！

3. 昆虫的幼体不断地啃食食物并尽快地生长。

4. 最后长成成年昆虫。

上面这种习性的科学术语称为"不完全变态"，它描述了一种身体的变化。螳螂、蝗虫和蜻蜓都以这种方式发育。

可怕的习性 2

1. 昆虫幼体从卵中孵化出来。

2. 它们长得一点儿也不像双亲，而是长成令人讨厌的东西，称为幼虫。这些生物吃的食物可能也与它们的父母完全不同，而且生活的地方也和父母不一样。

3. 小幼虫不断地啃食并尽快地生长。

4. 它们进入到一个小套子或茧中隐藏起来，等变成成虫后再出来。

上面这种可怕的习性科学术语称为"完全变态"。甲虫、蚂蚁、蜜蜂和黄蜂、蝴蝶和蛾类、蝇类和蚊子都是完全变态发育的昆虫。

你肯定不知道！

过去人们相信像苍蝇这样的昆虫是腐烂的肉和动物的尸体变成的。这是个多么离奇的想法呀！

可怕的就餐方式

你喜欢同昆虫一起进餐吗？如果愿意，你最好学习怎样像它们那样进食。

你需要：

▶ 一块新的海绵

▶ 一卷绳子

▶ 一根吸管

▶ 一碟橘子汁

你要做：

1. 从海绵上切下一小块。

2. 把它绑在吸管的末端。

3. 通过吸管努力吸碟子中的橘子汁。

祝贺你！你的吃法与苍蝇的吃法已经很像了。苍蝇还向外吐消化液，这可以帮助溶解食物，使其能更容易地吸上来！（你可不要这样尝试！）

毛骨悚然

电影中也满是昆虫——特别是在恐怖电影中，满是巨大的蚂蚁和巨大的苍蝇。令人惊奇的是，有那么多的太空怪物看上去像昆虫。

太空蜂群！

来自嗡嗡星球的巨型昆虫

事实上，电影导演常常研究丑虫子，以从中获取制造丑陋怪物的灵感。

但当现实生活中的昆虫更加令人毛骨悚然的时候，谁还需要制造昆虫怪物呢？

毛骨悚然奖　第一名

透辉蝇可以看到身体四周的各个角落，因为它们的眼睛长在长柄上。

毛骨悚然奖　第二名

有一种象鼻虫，它有一个与身体其余部分一样长的脖子，但没有人知道它的脖子为什么这样长。

可怕的甲虫

大多数人认为甲虫看上去极其丑陋，特别是当大的黑色甲虫从你的脚边跑过，并对你的脚表示好感时。有一个坏消息，在昆虫的所有"目"当中，甲虫是最大的一个类群。并且这个类群还在不断地壮大，因为科学家总能发现新的甲虫！令人相当惊奇的是，所有的甲虫都有一个基本的身体构造。

虫子档案

名称	甲虫
分布	广布世界。除了海洋，分布于你能想象到的任何地方，包括海岸上。
特征	大多数甲虫有短的触角。折起的前翅覆盖在后翅上以保护令人讨厌的身体。

肮脏的触角

丑陋的面部

保护性的甲壳

令人害怕的足

难以置信的甲虫

甲虫的种类如此之多，其中有一些实在令人惊奇。有些甲虫对人类的居所和食物有着令人难以置信的可怕影响。那么这些甲虫哪些方面最令人难以置信呢？

是对还是错

1. 如果你愿意相信的话，饼干甲虫吃饼干。这是一个坏消息。好消息是，它们不喜欢吃巧克力饼干——它们只吃那种你不再吃的肮脏的粗面饼干。

对／错

2. 烟草甲虫吃香烟（一定会让你惊奇得大叫）。它的幼虫特别喜欢吃烟草，并且好像不会引起任何健康问题。

对／错

3. 小提琴甲虫不吃小提琴——它只是由于长得像带腿的小提琴而得名。它生活在印度尼西亚森林中的真菌层里。

对／错

4. 冰激凌甲虫通常生活于北极地区，在那儿它吃小苍蝇。最近它已经变成了冷藏室中的一种寄生虫，它喜欢吃的食物是什锦水果冰激凌。

对／错

5. "烈酒汤姆"是一种甲虫的昵称，因为它在葡萄酒和朗姆酒桶壁上钻孔。但"烈酒汤姆"实际上是一个禁酒主义者。也就是说，它从不沾桶内的酒精——它喜欢的是木头桶！

对／错

6. 药店甲虫是一种饼干甲虫的名字，这种甲虫生活于药橱中。它喜欢吃一些药，包括许多有毒的药。

对／错

7. 巨大的漱喉甲虫是一种雨林中的甲虫，它在早晨做的第一件事就是喝一大口露水并发出很大的漱喉声音。

对／错

8. 咸肉甲虫每次都在夜里抢劫你的食品柜并且嚼食你储藏的肉。它最喜欢的食物是——你猜一猜……咸肉！

对／错

9. 博物馆甲虫十分怀旧，它生活在充满灰尘的旧陈列柜中，并且吃博物馆的标本。它喜欢吃的食物……保存的丑虫子标本。

对／错

10. 蛀虫甲虫生活在木头中。一些英国教堂里，有已经在那儿生活了上百年的甲虫家庭。

对／错

1. 对。

2. 对。但它们更常见于烟草植物上。

3. 对。

4. 错。即使是甲虫也不能在极冷的地方生存。

5. 对。

6. 对。它特别喜欢由干燥的植物制成的中药。

7. 错。甲虫从不漱喉。

8. 对。到时候你就得享用油炸甲虫做早餐了。

9. 对。参观者不得不参观一些活的甲虫了。

10. 对。

你敢和瓢虫交朋友吗

最常见的甲虫就是瓢虫。如果你想了解一只瓢虫的社交方法，你的机会来了。

1. 首先找一些诱人的蚜虫。它们可能是白色的、棕色的或黑色的。在夏季，你会在玫瑰丛中和其他植物中找到它们。

2. 折断一根聚集很多蚜虫的小枝或一片树叶，并把它们放进果酱罐子里。

3. 放入一只瓢虫。你可以在春季晚期之前在灌木丛和栅栏上找到它们。观察你的瓢虫将要进行的工作。可爱的瓢虫一天可吞食多达100只蚜虫。

4. 温柔地对待你的瓢虫并把它在进餐后放走。如果你做得不够好，你的伙伴就会变得很紧张。你知道会发生什么事情吗？用一根草叶轻轻地搔瓢虫，它会产生令人讨厌的液体，虽然你并不想去吃它。

如果你再接着搔它，它就会翻身，以背着地装死——一种结束你午餐约会的快捷方式。如果你使它过于紧张的话，它就会咬人。请小心点儿，它们确实咬人！

怎样使瓢虫放轻松

在午餐中你可以跟瓢虫讨论任何问题而不会引起它的防范。这不仅是因为瓢虫不懂人话……

上面这些话一点儿都不会干扰到你的瓢虫。那是因为：

1. 瓢虫没有家。一片躲藏的树叶对它们来说就足够了。所以就算它们的家着火了，也不会对它们产生任何影响。

2. 瓢虫可以飞，但没有瓢虫愿意飞向火（只有疯狂的蛾子才会这样做）。

3. 瓢虫毫不在乎它们的孩子。它们一旦产完卵，就算完事了！

有苦活儿吗？让甲虫去干

甲虫不仅仅具有各种各样的外形和大小，它们还有一系列让人目眩的生活方式。如果你有工作需要做，不妨让甲虫试试。

甲虫服务62

注意：它是一个投弹手！

你想拥有一套自我防卫系统吗？带一只投弹手甲虫在身边吧！它能制造出一种令人讨厌的化学物质，并把它们放在自己肚子里那个令人惊奇的内加热系统内，把化学物加热到100℃的高温，接着就以每秒钟500—1000发的速度发射出去。投弹手甲虫不需保养。只要让它不时地吃一些更小的昆虫就行了。

榆树皮甲虫——树的外科医生

难看的榆树使你变得沮丧？希望它们能恢复生机？找我们好了。试试我们独特的荷兰榆树病菌配方，足以把那种侵害树木的小小无根植物统统消灭掉。

▶ 保卫森林
▶ 再多的工作也不怕

这种树害在20世纪70年代曾发生于英国。约有2500万株榆树被毁掉。

点亮你的屋子

带一个萤火虫的灯笼走夜路，巴西和印度西部的人们常常这么做。萤火虫灯的光是从雌性萤火虫身体发出的一种微弱绿光或黄光。40只萤火虫发出的光亮度相当于一支蜡烛的光亮。这些光芒不需要电池或其他能量——仅仅依靠萤火虫体内的化学物质。

这儿看上去像需要一位殡葬师了！

甲虫服务63

殡葬师甲虫和它的子女们

死亡？那就召集我们——您最友好的家庭殡葬服务公司吧。没什么大不了的。我们将埋葬任何东西，即使需要10个小时的工作。包括分部肢解——这会使下葬更容易，和专业的清洁服务。我们的小虫还将看护好坟墓，无须另外付款。因为它们确实喜欢参加殡葬宴会，那种以死尸为食物的宴会！

需要清理粪便吗

圣甲虫的服务将除掉恼人的粪便。我们擅长滚动和埋藏粪球，我们甚至把卵也产在上面，因为我们的幼虫靠这些粪便为生！

圣甲虫在粪便落地之前就围上来了。它们有7000个成员参与工作，很快就能把粪便吃光！"我的大草原从没有这样干净过。"一头非洲大象说。

有思维的珠宝

你是否曾想过得到这样一种珠宝，它在夜间可以自己藏好！那么买一些活的宝石甲虫吧！就像世界上许多地方的人们常常佩戴的那种。漂亮的金属光泽，还有金黄色可以选择。你一定会在晚会上引起关注，比如有人会问："你的耳环喜欢吃什么？"

珠宝商警告：别让你的珠宝在家具上产卵。在变成更多的宝石甲虫前，它的幼虫可以在你闲置的衣服上生活47年。

甲虫斗士

甲虫没有更多的家庭生活，但是它们却能很好地保护自己的财产——如果不这样做的话，它们很快就会遇上很大的麻烦。

雄性甲虫的格斗

如果你是一只雄性甲虫，下面你就要保卫你的领土了（可能只是一小段树枝）。格斗的目的是把对手赶下枝条……

你需要：

一对像鹿角一样巨大的颚。

你要做的是：

1. 盯住你的对手。

2. 用你锯齿状的颚抓住对手身体的中部并尽力把它掀翻在地——这说起来容易做起来难，因为你的对手也想把你掀倒……

3. 如果你输了，从枝条上掉下来并且以背着地，你就有被一群正等在那里的蚂蚁撕碎和咀嚼的危险。

令人敬畏的蚂蚁

　　每个人都知道蚂蚁。夏天，你很容易发现一队蚂蚁爬进你家，为的是视察你的厨房。蚂蚁可能相当可怕（从你的食物到你的裤子里，可能到处都有它们的身影），但它们也正是因为各种可怕的生存方式而令人敬畏。

虫子档案

名称	蚂蚁
分布	广布于世界陆地。在巢穴中生活。
特征	大多数蚂蚁都不超过1厘米长。在胸部和腹部之间有很细的腰。有呈角状弯曲的触须。

触须　　　　腰　　　　特别肥胖的腹部

蚂蚁趣闻

　　1. 从1880年开始，德国法律就规定不允许人为破坏红蚂蚁的巢。为什么呢？因为每一个巢中的红蚂蚁每天可以吃掉10万只可怕的毛虫和其他丑陋的害虫。

65

2. 蜜罐蚁从蚜虫的身体中挤出黏的蜜露。它们把蚜虫当宠物，却不需要喂养它们。蚂蚁巢中有一些特殊的蚂蚁不断取食这些蜜露，直到把肚子吃得像饱满的小豆子一样鼓，然后它们再把蜜露吐出来，喂食巢中的其他蚂蚁。喔，太恶心了！

它快吐了，大家准备开饭喽！

3. 织布蚁会用自己的丝把树叶连在一起做成帐篷。它们的幼虫能生产这种丝，而这些蚂蚁就把它们的幼虫当成是活的织布梭——叼着它们来来回回地织布！当需要更多丝的时候，成年蚂蚁就用触须轻轻地刺激一下幼虫的身体。

4. 南美洲的陷阱颚蚁有个巨大的颚（当然，是从蚂蚁的角度来说的）。它们用颚捕捉一种称为跳虫的小昆虫，然后把毒液注入其体内。

但真正让人敬畏的是，这些蚂蚁也用它们可怕的大颚运送卵或幼虫，而且也和其他母亲一样，在运送时它们显得格外小心和温柔——这是不是很奇妙？

5. 切叶蚁可以种庄稼。这些蚂蚁把植物切碎，与自己的排泄物混合在一起增加养分，再把作为食物的真菌种在上面。它们还会从自己的农田里清除不需要的真菌种类，再把它们收集起来作肥料。

一只切叶蚁后搬到新巢时，总要随身带一小块真菌做种子，把它种植在新开垦出来的农场里。

亲爱的陛下，您是不是忘记了什么东西？

腐败的真菌

6. 经过艰苦的耕作之后，收获的季节到来了。收获蚁生活在沙漠里，它们收集谷物的种子，把种子的外壳和表皮都咬开，然后在太阳光下晒成"面包干"。蚂蚁把这些"面包干"储藏起来，到饿的时候再吃。

快，在面包烤煳之前得赶紧把它藏起来！

7. 澳大利亚有一种叫牛头犬的蚂蚁极其可怕。它们不但咬人很痛，而且咬人后还向伤口注射蚁酸！30只蚂蚁可以在15分钟内杀死一个人。这可能是世界上最危险的蚂蚁了……

8. 是这样的吗？在非洲和南美洲的热带丛林中潜伏着一种更可怕的生物。它们有100米长，2米宽。它们会吃掉任何愚蠢地闯入它们中间的生物，把蜥蜴、蛇甚至是大型的动物吃得只剩下骨头。

即使是强壮的人类也不愿面对它们，而是拼命地逃跑。没有什么能在与它们的战斗中生存下来。这种可怕的生物是什么？是蚂蚁吗？

的确是。实际上它是一支由2000万只蚂蚁组成的大军。这些蚂蚁没有固定的居所，它们时刻都在入侵其他地方，并且对任何阻挡它们前进的生物大开杀戒。如果你生活在南美洲，它们可能会帮你吃光家里的蟑螂，不过……你得保证自己能躲开它们才行。

9. 南美亚马孙红蚂蚁与它们的死对头——黑蚂蚁有着激烈的斗争。红蚂蚁到处搜寻可以进入敌人巢穴的道路，其中先锋部队会留下一些踪迹使大部队能跟上来。当主力部队短兵相接时，红蚂蚁会用它们弯曲的颚割掉黑蚂蚁的头。而另一些亚马孙红蚂蚁会喷射毒气进一步迷惑对手，然后把战俘——黑蚂蚁幼虫带走。

幼虫很快就会习惯亚马孙红蚂蚁的气味，这让它们误以为自己也是红蚂蚁，可怜的黑蚂蚁就这么糊里糊涂地成了亚马孙红蚂蚁的奴隶。

10. 在印度尼西亚有一种攫食蚁还能修建道路。这些道路通常可长达90米——如果你把自己看得如蚂蚁般大，那可就是相当惊人的工程了。有一些路甚至有土做的棚盖用来掩护它们，而且这些蚂蚁们在路上时还严格遵守交通规则。

A. 请大家保持队形。回家的蚂蚁在中间走，外出的蚂蚁在两边走。

B. 把任何挡在道路中的东西搬走。如果这个东西很大，就把它咬碎。如果是个小东西，就让年轻力壮的蚂蚁把它搬走。如果是可食用的东西，就把它运回巢中（100只工蚁可以搬运一条蚯蚓，30只工蚁可以搬动一粒种子）。

C. 如果你穿过任何其他蚂蚁行进的道路……有可能会被它们杀死。所有进入蚂蚁道路的丑虫子都会被干掉。

你肯定不知道!

世界上虽然有大约10 000种蚂蚁，它们之间却有着许多共同之处。

▶ 一个蚂蚁巢由一只蚁后来统治，它一生的时间都用于产卵。

▶ 所有普通的"工蚁"都是雌性的。

▶ 雄性蚂蚁只在交配的时候才孵化出来，一旦交配完成就立刻死去!

聪明的蚁人

有一些研究蚂蚁的人几乎和蚂蚁本身一样令人敬畏。比如拜伦·卢保克……

拜伦·卢保克（1834—1913）在各方面都可称得上是一位专家。他写过25本书和100多份科学报告。

他常常做演讲……

螃蟹如何听讲?

他出版的书有……

花

岩石

瑞士风光

而那些仅仅是他的业余爱好。在政治集会上他介绍……

……英国的法定假日。

好哇!

他还是一位艺术家。卢保克曾为查理·达尔文的一本书画过插图……

藤壶。

他在整个欧洲旅行并做研究……

古代的垃圾!

罗马的豆子

但所有这些都无法与他毕生对昆虫的热爱相比。

这位精神稍微错乱的男爵设计了一个可怕的蚂蚁实验，以此来了解蚂蚁的生活习性。

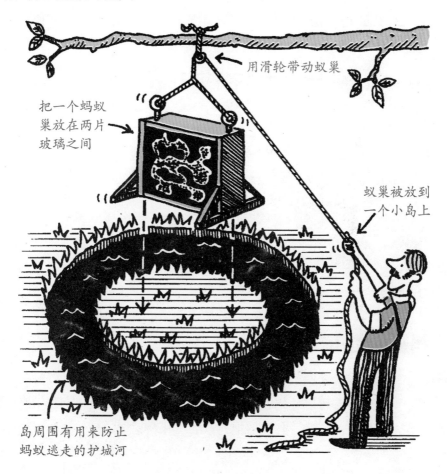

用滑轮带动蚁巢

把一个蚂蚁巢放在两片玻璃之间

蚁巢被放到一个小岛上

岛周围有用来防止蚂蚁逃走的护城河

之后，他发现……

1. 蚂蚁的寿命很长。工蚁可以活7年，而蚁后可以活14年。

2. 蚂蚁对声音有强烈的反应——它们靠腿来"听"。

3. 有种很小的丑虫子隐藏在蚂蚁巢中。

他设计了另一个蚂蚁的实验……在蚂蚁的路上设置各种迷宫和障碍物，包括一个可转动的桌子——当然，所有这些都是按蚂蚁的体形

71

做的。他想看一看蚂蚁是否有方向感。你猜他发现了什么？

a）我们正在讨论的是蚂蚁的大脑——蚂蚁们都迷路了。

b）蚂蚁有一点儿像绵羊——它们总是跟着前面领头的蚂蚁走。

c）蚂蚁确实很聪明。它们可以根据太阳光线判断方向，即使在阴天也可以——所以它们可以找到出去的道路。

a）错误。

b）部分正确。蚂蚁的确是一个跟着一个——领头的蚂蚁为其后的蚂蚁留下一些踪迹，以便它们跟上来。

c）很令人惊奇，但却是对的。蚂蚁在寻找方向这一点上比一些人还要强。

蚂蚁的芳香气味

气味对蚂蚁来说是非常重要的。科学家已经发现了几种蚂蚁的气味，而每一种都可以使蚂蚁做出不同的反应。假如你是一个科学家，正在观察蚂蚁的行为，你能够把蚂蚁的气味与引起这种气味的行为搭配起来吗？

a）别的蚂蚁正想把你埋了。

b）蚂蚁从它们的巢中逃走。

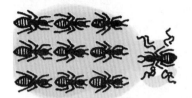

c）一支蚂蚁大军被召集起来。

d）一些蚂蚁试图跑走，而
另一些蚂蚁则在原处打架。

e）蚂蚁相互之间打架。

f）蚂蚁找到回家的路。

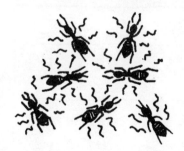

g）如果你有这种气味，蚂蚁
则什么也不做。

h）雄性蚂蚁被这种气味吸引。

答案

1. e）2. f）3. g）4. h）5. c）6. a）

可恶的蜜蜂

蚂蚁和蜜蜂属于丑虫子中比较类似的可怕类群。因此发现有些种类的蜜蜂生活在由蜂后统治的巢中也就不足为奇了。人们倾向于认为蜜蜂是"好的"，因为它们产蜂蜜——但蜜蜂也可能是坏的，因为它们自身那种可怕的生活方式。如果你把蜜蜂的丑陋秘密告诉老师，将会在课堂上引起一片嗡嗡声（哈哈）。

虫子档案

名称	蜜蜂和黄蜂
分布	分布在世界各地。大多数蜜蜂单独生活。只有一小部分的种类生活于大的巢中。
可怕的习性	它们叮人。
有益的习性	蜜蜂可生产蜂蜜并为花朵传粉。
特征	胸部和腹部间的腰部很细。有4个透明的翅膀。蜜蜂有长长的舌头，并且经常在后腿上携带黄色的花粉块。

腰部

危险的刺针

花粉

舌部

蜂箱的内部

生活在一个巢中的蜜蜂被称为"社会性的蜜蜂"。它们很团结，你最好与这些蜜蜂和平相处。

凶狠的蜂后

通常在一个蜂箱中只有一只蜂后。它把时间都花在产卵上。但有时不止一个蜂后被孵化出来，那么事情就变得相当危险。第一个蜂后会杀掉所有的竞争对手。

懒惰的雄蜂

对雄蜂来说生活是美好的。那些辛勤工作的姐妹不但为它看家护院，而且还喂养它。它没有刺针，因为它从不需要与任何敌害战斗。它的问题仅有一个，那就是要与上百个兄弟为交配的机会而竞争。如果它成功与蜂后交配，那它也就快死了。

疲劳的工蜂

工蜂做什么呢？对了！它们工作、工作、再工作。在短短的几周内它们就会因工作过度疲劳而死亡！

工蜂的工作

打扫蜂箱、照顾幼虫、保卫蜂巢、从花朵上采集花粉和花蜜、酿造花蜜、喂养蜂后、喂养幼虫、喂养雄蜂、制造蜂蜡（它从工蜂的身体中渗出）、用蜂蜡建造新的蜂房。

可怕的蜂蜜

你很喜欢蜂蜜吧？你是不是一想到可口的蜂蜜就会大流口水？而且任何东西也不能使你放弃它——对吗？那就来吧，这就是蜜蜂制造蜂蜜的过程——全套的可怕细节。

1. 蜜蜂用产自鲜花的甜美花蜜制造蜂蜜。这是一件十分艰苦的工作。一些蜜蜂一天要采一万朵花。它们要采集多达6400万株花才能制造出1千克蜂蜜。

2. 对鲜花来说这是一个好消息，因为忙碌的蜜蜂也采集花粉。它们用腿上像毛刷似的部位携带花粉。蜜蜂把花粉带到同一种植物的另一朵花上。在那儿，一些先前采的花粉就粘在花上，这样能使花受精并帮助它发育成一粒种子。

花粉毛刷

3. 你想一想，为什么花朵会产生香气、具有鲜艳的色彩并有花蜜呢？这些都是为了我们人类吗？不！它是为了吸引蜜蜂。更多的蜜蜂也就意味着更多的花朵。明白吗？

4. 蜜蜂用它的长长的舌头和吸管来吸取花蜜。它在一个特殊的胃中储藏这些花蜜。

黏黏的长舌头

5. 花蜜大多数都是带水的。为了去

除水分，蜜蜂把花蜜吸上来并在舌头上使它们脱水——啊。

6. 然后它们把蜂蜜储藏在放蜂蜜的蜂房中，直到需要的时候再取出。除非人类为了他们的三明治而把它偷出来！

迷惑蜜蜂

这最好在夏季进行，在花园的平台或有许多蜜蜂的公园中来做。

1. 摆放一瓶鲜花。观察蜜蜂如何发现鲜花，并飞回去告诉它们的朋友。

2. 这时你把花藏起来。

3. 飞回来更多的蜜蜂。它们正在快乐地嗡嗡叫着，想着那儿有许多可口的花蜜和花粉。

4. 但那儿却没有花了。结果：蜜蜂糊涂了。

保持警戒

蜜蜂有许多可怕的敌人。为了防备敌人进犯，每个蜂箱都有警卫。这些警卫虽然没有经过训练，但它们知道怎样防卫……

蜜蜂：只有它们带食物回来才让它们进去。如果没带食物，就把它们赶走！小心点儿。从其他蜂箱来的蜜蜂有时会偷我们的蜂蜜！

骷髅鹰蛾：这种名字可怕的夜间袭击者可能会飞进我们的蜂箱。用它那可怕的长舌头舔食我们可口的蜂蜜。在天黑后要加强警戒！

非洲蜜獾：这种多毛的令人恐怖的家伙用它长长的爪子撕开我们的蜂箱。它能发出可恶的臭气，把我们的警卫赶跑。下次看到它就狠狠地蜇它！

水泡甲虫的若虫：当你采鲜花的时候要注意点儿。这种贪吃的若虫可能会伏击你！它钩住你的身体，做一次免费的旅行来到蜂箱。然后它就隐藏在我们的蜂房中贪婪地吃我们的幼虫。

老鼠：另一个可怕的猎蜜者。狠狠蜇它直到蜇死它！除去老鼠的尸体有一点儿麻烦。它太大了，移不动。工蜂们用来自树木上的胶黏树脂把尸体盖上。这些树脂会使老鼠变干却不会发臭！

人类：他们总想要我们的蜂蜜和蜂蜡（上光和做蜡烛用）。如果他们太接近了就蜇他们。不过，你的刺针就再也拔不出来了，因为这动作会把你的内脏也拉出来。不要怕——你死后会得到烈士勋章的！

狂蜂：不要让狂蜂混进去。你很容易把它错认作自己人。一旦让它们进来，它们就会产下丑陋的卵。

漂亮的虫子

在夏天里，手拿一杯冷饮，看着蝴蝶飞来飞去，有什么比这更令人惬意的呢？世界上约有几千种不同的蝴蝶，它们有令人难以置信的美貌。不过很遗憾，它们也有些可怕的习性，而且它们还有令人讨厌的毛虫阶段！

虫子档案

吸管　　　　　　　　　　蝴蝶

名称	蝴蝶
分布	广布于世界各地。最大的蝴蝶生活于热带国家。
可怕的习性	它的幼虫吃我们的蔬菜。
有益的习性	蝴蝶为鲜花传粉，而且看上去也很漂亮。
特征	成虫有两对翅膀，颜色十分鲜艳。身体较细。嘴上附有长的、蜷曲的取食管（吸管）。

有益的、有害的和丑陋的方面

有益的方面

1. 蝴蝶和许多蛾类的翅膀上都有令人惊讶的彩色拼图。这些颜色由许多微小的相互重叠的鳞片组成，美丽的颜色帮助雄性和雌性的蝴蝶在交配之前相互吸引。

2. 蝴蝶和蛾类能用它们的触须辨别气味。雄性的印度月亮蛾可以在5千米外嗅到雌蛾，它跟随这种气味飞过森林（绕过树木并穿过小溪），不受其他气味的影响。这相当于你在75千米外嗅到晚餐的气味！

3. 蝴蝶通过它们的触角闻到气味！有些种类还可以通过足感受到气味！通过这种方式它们停在一片树叶上时就能知道它是什么树种。这可以帮助雌性蝴蝶把卵产在毛虫喜欢吃的树叶上。

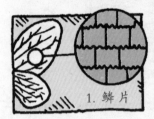

有害的方面

1. 有一种蛾的毛虫刚孵化出时很小。但它们马上就开始吃食物，并且在48小时内体重就可以增加80 000倍。

这对当地的绿树来说可是一个坏消息，因为这些贪吃的毛虫可以吃光一棵树上的全部树叶。

2. 普通的大白蝴蝶就像垃圾一样常见。它们成群地飞过英吉利海峡，由于群体规模庞大，有一次这些可恶的蝴蝶竟然打断了一场板球比赛。

3. 如果你想跟踪蝴蝶群，那非洲的迁移蝴蝶会使你放弃这个想法。一次，有一个科学家想观察一群飞过的蝴蝶。这个想法根本无法实现，因为蝴蝶的飞行持续了3个月还没有停下来！

第N天：太累了，我实在跟不上了。

丑陋的方面

1. 蝴蝶喝醉时是很难看的。这的确是千真万确——腐烂水果的汁液含有一点儿酒精，即使喝一点儿对一只蝴蝶来说也太多了。它们会落在地面上并在地上缓慢地爬行。

2. 可怕的骷髅鹰蛾（偷偷地进入蜂箱的家伙）胸部有一个凶恶的头骨外形。它的幼虫极其难看，喜欢吃一些致人死命的茄属有毒植物。这些茄属植物难吃极了，简直没有哪种生物想过要吃它们。

3. 棕尾蛾的幼虫也相当丑陋。它们的身体覆有尖锐的针状毛并会在你的皮肤中折断，使你的皮肤奇痒难忍。

你能成为一只大蓝蝴蝶吗

大蓝蝴蝶是一种——大得令人惊讶的蓝色蝴蝶。到现在为止，人们只在法国、英国西部以及中欧发现过它们，而且数量已经很稀少了。

与其他所有的蝴蝶一样，大蓝蝴蝶的生命也始于卵，然后孵化成毛虫，又变成蝶蛹，最后成为蝴蝶。但它在演变的道路上确实存在着许多可怕的不同寻常的事情。设想你是一只大蓝蝴蝶。你能生存下来吗？

1. 你孵化出来了。你怎样处理剩下的那些卵呢？

a）吃掉它们

b）埋藏它们

c）把它们扔给路过的黄蜂

2. 你生活在一株野生的百里香上。突然另一只大蓝蝴蝶的毛虫入侵了你的领地，并开始大吃起来。你会怎么办？

a）同意分享植物

b）吃掉竞争的毛虫

c）躲起来直到它走

3. 当你吃完所有能吃到的叶子，并且已经蜕了3次皮，正准备缓慢地爬离原来的地盘时，一只蚂蚁突然出现了。你会怎么办？

a）说服它给你一个拥抱——而作为回报你给它一些蜜

b）抓住它的触角不让它走

c）蜷起来装死

4. 蚂蚁把你运到它的巢中。推进一个小洞，与它们的幼虫待在一起。下一步你将怎么办？

a）与它们交朋友

b）抢夺蚂蚁的食物自己吃

c）吃蚂蚁的幼虫

5. 你整个冬天里都在蚂蚁的巢中睡觉。醒后不久就把自己挂到巢穴顶部并变成蝶蛹。大约3周后你落到地上，并从你讨厌的潮湿蝶蛹中爬出。祝贺你——你现在是一只成年的蝴蝶了！但你怎样从蚂蚁的巢中逃出来呢？

a）你必须挖一条逃跑的通道

b）你全靠自己从巢中爬出

c）你装死，然后蚂蚁把你运出去

6. 最后你终于自由了！你要做的第一件事是什么？

a）找一些吃的东西——一只死蚂蚁就可以了

b）找一个配偶

c）把你崭新的翅膀晾干

然后你飞走了，去享受新生活！最好的生活——因为你只有15天的生命！

答案

1. a）不要浪费——不要。

2. b）

3. a）这是真的！毛虫能够制造像蜂蜜一样的物质。

4. c）

5. b）

6. c）

疯狂的信念和奇异的科学家

几百年的时间里，没有人确切知道毛虫是怎样出现的，却有一些相当奇怪的假设。这是罗马作家普里尼……

春天从树上落下的露水就变成了毛虫。

当时没有人意识到毛虫与蝴蝶之间有任何联系。后来在17世纪，人类发明了显微镜。所有的欧洲科学家都开始更近、更仔细地观察可怕的昆虫了。

这些科学家中的一位是荷兰的简·斯瓦默德姆（1637—1680）。他在年轻时学习医学，但他更喜欢研究昆虫，而不是人类！他的工作相当精细，甚至运用了只能在显微镜下磨的微小的剪刀。一天，他剪开了一只蛹时发现……里面混有又黏又软的蝴蝶碎片。简证明了毛虫会变成蝴蝶。

但人们不相信他，即使他在1669年写了一部专著也无济于事。简称昆虫变化形态的方式是……

……如此令人惊异，足以成为很好的传奇作品。

当更多的科学家研究昆虫后，他们发现简是相当正确的。这些科学家被称为最初的鳞翅类学者——对研究蝴蝶和蛾类的人的一种复杂称呼。

恐怖的鳞翅类学者

现在的鳞翅类学者是行为温和的一群人，他们喜欢在蝴蝶生存的自然环境中观察蝴蝶并给它们拍照片。但以前可不一样。

1. 在18世纪，赶时髦的女士把颜色鲜艳的蝴蝶和蛾类的翅膀作为珠宝佩戴在身上。

2. 传统的蝴蝶采集者拿着大网在蝴蝶后面追，并喊着"抓住它！"当他们捉到蝴蝶后就把它放入一个毒瓶里，然后用针把蝴蝶钉到一块板上——多可怕！

3. 在19世纪，采集者从新几内亚的热带雨林中收集到几百种蝴蝶。当这些蝴蝶飞得太高时，他们就用装有细沙的枪把它们打下来！

4. 英国的收集者詹姆斯·乔那西在30多年间花费了大量金钱雇人为他收集蝴蝶。这位百万富翁的儿子将他的钱挥霍一空，以至于他再没有钱收集蝴蝶标本了。尽管如此，直到乔那西1932年去世时，他收集的蝴蝶标本高达150万个。

给老师出难题

你的老师是鳞翅类学者吗？出题考考他！

1. 你如何分辨蝴蝶和蛾子？

a）蛾子在夜间活动，而蝴蝶在白天活动。

b）蛾子停下时其翅膀是平的，而蝴蝶停下来时其翅膀是向上竖起的。

c）蛾子的触角上没有球形突出物。

2. 灰蝶科的蝴蝶怎样避免脑袋被鸟啄掉？

a）它有一个假头。

b）它的头上有武装。

c）它首先咬人。

3. 蚕丝来自蚕蛾毛虫纺成的蚕茧。传说这是在公元前2640年由中国的一位皇后发现的。那么她是怎样发现的呢？

a）

b）

c）

a）通过仔细的科学观察。

b）她的猫把一个蚕茧拿给她看。

c）一个蚕茧掉进了她的茶碗里。

4. 你怎样看出蝴蝶是不是年老了?

a) 破碎的翅膀。

b) 颜色变得灰暗。

c) 触须下垂。

我看上去更像一棵灰白菜!

答案

1. c) 其他两个一般来说也是对的，但不总是对的。

2. a) 有一个脑袋是假的。可怕的捕食者以为它就是蝴蝶的脑袋，实际上它只咬了一口翅膀。

3. c) 热茶烫开了蚕茧。

4. a) 老蝴蝶实际上只活了几个星期，它们很难活得更长。

凶猛的蜘蛛

蜘蛛的可怕在于你无法躲开它们。你可以在植物、洗衣绳上以及花园的小屋里看到它们的网。而当你回家时，你也可能发现蜘蛛就隐藏在那儿。蜘蛛不是昆虫，但这丝毫没有降低它们的可怕性。实际上，更多的人害怕蜘蛛比害怕昆虫更甚。这可能是因为蜘蛛有着许多极其凶猛的习性。

虫子档案

名称	蜘蛛
分布	广布于世界各地。分布于陆地及淡水中。
可怕的习性	用毒液麻醉猎物并吸取猎物的汁液。
有益的习性	控制昆虫的数量。
特征	头部和胸部结合，腹部分离。4对足，8只眼。吐蜘蛛丝。身体内有一个呼吸器官称为书肺。

分离的腹部

眼睛

头和胸结合

8条可怕的
多毛的腿

蜘蛛可不总是凶猛的，对吗？例如——当它们照顾幼儿时，做母亲的狼蛛经常把小蜘蛛背在背上，啊，多温馨啊。但遗憾的是，母蜘蛛吃孩子的父亲，而幼蜘蛛也相互吃，它们的确在进行凶猛的撕咬。忍耐着读下去吧！

给老师的恐怖测验

1. 蜘蛛是怎样避免被自己的网粘住的？

a）极好的脚法。

b）它们有油滑的不粘足。

c）它们用一根线和一个滑轮向下放。

2. 一只蜘蛛可以活多长时间？

a）6个月。

b）25年。

c）75年。

3. 当蜘蛛蜕皮时，它的哪些部分会蜕掉？

a）它的皮肤。

b）眼睛的前部。

c）它的内脏和书肺（呼吸器官）的内衬。

4. 蜘蛛怎样处理旧网？

a）穿上它。

b）扔掉它。

c）吃了它。

8根拐杖？它一定是老了！

5. 吐唾液的蜘蛛要做什么？

a）它吐出一种毒液以杀死想要逃跑的猎物。

b）它用喷出的一段10厘米长的丝套住猎物并把它绑起来，放到地上。

c）没什么。它无所事事，只是看上去有点儿凶恶。

6. 小蜘蛛怎样在空中飞行？

a）它们利用空气中的电力。

b）它们让身体像小气球一样膨胀起来。

c）它们编织一顶小的丝状降落伞。

哎呀！

7. 根据传说，治疗狼蛛咬伤的最好方式是什么？

a）一杯茶。

b）一种活泼的民间舞蹈。

c）把毒液吸出来。

8. 在1平方米的草地上约有多少只蜘蛛？

a）27只。

b）500只。

c）1795只。

9. 蜘蛛是怎样进到你的浴缸中的？

a）它从排水管爬上来，但爬不出浴缸。

b）它从天花板上掉下来，但爬不出浴缸。

c）它从水龙头里爬出来，但爬不出浴缸。

1. b）

2. b）狼蛛可以生活这么多年。

3. 所有的这些答案都对！

4. c）

5. b）

6. c）有时是一根长丝，有时就是一个丝状线圈，其作用就像降落伞一样。

7. b）狼蛛的咬伤可能会使你疯狂地跳舞——这被称为跳舞病。据说一种旋转的民间舞可以治疗这种叮咬。

8. b）

9. b）蜘蛛下来喝水。但浴缸壁对蜘蛛来说太光滑了，以至于它不能再爬出去。

野蛮蜘蛛档案

你的老师害怕蜘蛛吗？下面有一些他们为什么如此害怕的合理原因。

食鸟蜘蛛——一种可怕的鸟蛛

外形：个头很大。最大的个体包括腿可长达25厘米。

生活地点：南美洲。

可怕的特征：令人讨厌的长毛。

婚姻状况：单身。

可怕的习性：吃鸟及蛙。

坏消息：它咬人十分疼。

非常坏的消息：它的那些毛可以使人得一种讨厌的皮疹。

绝对令人震惊的消息：人们把它们作为宠物来养。

91

黑寡妇蜘蛛

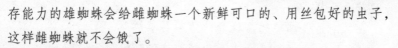

外形：体长2.5厘米。全身都呈黑色，仅在腹部有一块可怕的红斑。

生活地点：美国南部。

可怕的特征：毒性最大的蜘蛛。

婚姻状况：可能是一个寡妇。

可怕的习性：吃掉它的丈夫。有生存能力的雄蜘蛛会给雌蜘蛛一个新鲜可口的、用丝包好的虫子，这样雌蜘蛛就不会饿了。

有益的特征：它很少咬人。害羞的蜘蛛不喜欢战斗，仅在你突然碰到它时才咬你。

坏消息：它躲藏在你可能会不经意间碰到的地方。

非常坏的消息：比如藏在马桶座圈里。

绝对令人震惊的消息：它的毒性绝对是致命的。据说其毒性比一条响尾蛇的毒性还要强15倍。

流浪的蜘蛛

外形：包括腿在内，全身都是毛茸茸的，腿长12厘米。

生活地点：巴西。

可怕的特征：据说是世界上最危险的蜘蛛。

婚姻状况：没人敢问。

可怕的习性：没人邀请也会进入房间，四处游荡并且咬人。

有益的特征：使你的房间没有臭虫。

坏消息：它的叮咬是有毒的。

非常坏的消息：个性很危险，喜欢战斗和恐吓。受到骚扰时，先咬人然后再问问题。

绝对令人震惊的消息：藏在衣服和鞋里。即使有解毒剂，其毒性也能使人丧命。

奇怪的蜘蛛信仰和更奇怪的科学家

有的蜘蛛学家有一些奇怪的想法，而其他一些科学家则进行奇怪的实验。蜘蛛科学（节肢动物学）开始于希腊。当时希腊的作家飞洛斯柴特斯关于蜘蛛有一些相当奇怪的想法。他猜测蜘蛛吐丝是为了保暖。提醒你一下，罗马人的想法也好不了多少。根据普里尼的说法，蜘蛛好像来自腐烂物质中生长的种子。

疯狂的默非特

我们都听说过有关默非特小姐被一只巨大的蜘蛛吓跑的故事。但你知道她确实是一个真人吗？她的名字是裴森斯·默非特，而她不幸成为16世纪奇怪的蜘蛛学家托马斯·默非特博士的女儿。为什么是不幸的呢？哇，她的爸爸在她得感冒的时候总给她服一些活蜘蛛。作为一种特殊的治疗，她必须吃烤面包上捣碎的蜘蛛。

勇敢的伯格

　　美国阿肯色州的伯格博士进行了一些奇怪的实验，以确切地证实有毒的蜘蛛咬人会有多大毒性。1922年，他故意使自己被一只有毒的黑寡妇蜘蛛咬伤了！第一次实验失败了——蜘蛛不愿意咬他。所以伯格博士又试了一次，很高兴这次他被咬了一小口。3天后在他离开医院时，这位蜘蛛学家记录下他感受到的无法忍受的疼痛。哦，那真是一个奇迹。

　　1958年伯格博士又进行了这种实验。这次他决定用豚鼠和老鼠来试验蜘蛛的叮咬，而不是用他自己了。但是这位无畏的研究者也没有完全逃脱疼痛。他用特立尼达岛的狼蛛做实验时发生过一件令人不愉快的事。伯格在刺激这只多毛的恐怖蜘蛛去咬不幸的白鼠时，他的手指也被咬了（那是蜘蛛而不是老鼠咬的）。幸运的是伯格博士发现这种毒物没有伤害到他，所以他又让自己被一只巴拿马狼蛛咬了一下，这次他的手指僵硬了。因此，勇敢的伯格断定狼蛛的叮咬并不总是致命的！

你能成为蜘蛛学家吗

　　你能预测到这个奇怪的蜘蛛实验的结果吗？

1948年汉斯·彼特教授注意到园蛛总在早晨4点钟吐丝。所以他给一些蜘蛛喂咖啡因（这是咖啡中一种使人清醒的化学物质），而给另一只蜘蛛喂安眠药，以观察会发生什么现象。你猜他发现什么了？

a）蜘蛛像我们一样受影响。受咖啡因刺激的蜘蛛在凌晨1:30就醒来并整夜地工作。而喂以安眠药的蜘蛛则睡到下午1:35。

b）蜘蛛完全不同于人类。喂咖啡因的蜘蛛继续睡觉，而喂安眠药的蜘蛛却比从前更努力地工作了。

c）起来织网的强烈欲望比任何药物都强。这些蜘蛛编织了一些看上去很奇怪的网。但它们仍然在早晨4点钟开始工作。

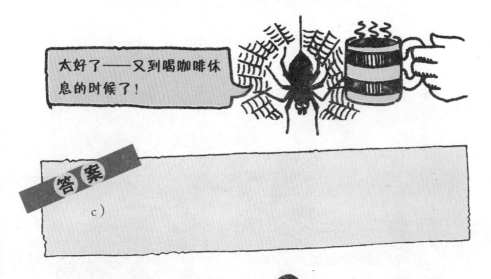

太好了——又到喝咖啡休息的时候了！

答案

c）

你肯定不知道！

蜘蛛曾在太空中吐丝。1973年7月28日，园蛛阿拉贝拉和安尼塔勇敢地进入太空去参观太空实验站。它们参与了一项实验——在失重状态下能否吐丝。因为它们还不习惯在失重状态下飘浮，所以最初的努力不太成功，后来它们成功了——尽管可怜的安尼塔死在了太空旅行中。

神秘的蜘蛛网

蜘蛛吐丝以结成复杂的网，用于捕捉苍蝇和其他不幸的生物。但是你对网的了解越多，它们好像就越神秘。

1. 为了结成一个网，蜘蛛需要吐不同种类的丝。

▶ 只有千分之一毫米粗的干丝用于结成一个网的轮辐。

▶ 上面覆有胶滴的有弹性的丝用以结成网的其他部分。这些黏的小胶滴可吸收潮气以防止网变干。

▶ 其他种类的丝用于包住卵和死昆虫。

2. 结成的网有各种形状和大小。你见过下面这些蜘蛛网吗？

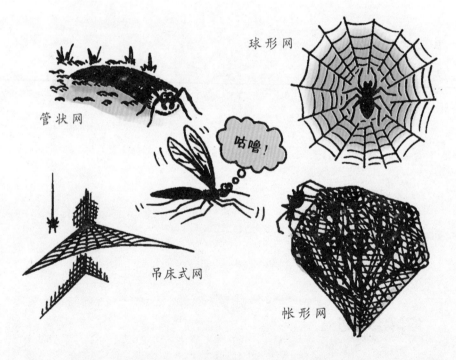

3. 家蛛织吊床式的网。这种蜘蛛会吐出昆虫的残肢，让它们周围的其他蜘蛛去清理这些残渣——一种可怕的习性！

4. 陷阱蜘蛛挖一个隧道，在顶端有一个活板门，蜘蛛在里面等待，伺机抓住一只路过的昆虫并把它拖下陷阱。然后门就关上了，从此再也看不到这个无辜的受害者了。

关上门，亲爱的——有冷风吹进来了！

5. 有一种蜘蛛织的网为钱包形。这种残忍的蜘蛛穿过网，用它长长的毒牙刺入受害者的体内，在享用正餐之前还要把网仔细地修复好。

6. 还有一种凶恶的蜘蛛吐出的丝长达2米，用以捕捉昆虫，有时甚至捕捉鸟。鱼也难逃罗网——在20世纪初，新几内亚人就用这种丝做渔网！

7. 抛网蜘蛛会先把网抛向在暗处活动的昆虫，然后才滑下来享用。

8. 当昆虫被蜘蛛网捕获住时，它一挣扎就会震醒蜘蛛。但狡猾的偷窃蜘蛛却设法溜到其他蜘蛛的网上，当在网上的蜘蛛还没意识到有来访者时就被咬住了。邪恶的偷窃蜘蛛在把受害者的汁液吸干后逃走，只留下一个空的蜘蛛壳坐在网上！

9. 在加利福尼亚的一些地方，蜘蛛的网像雪一样降落。这些薄片是由被风吹在一起的蜘蛛网组成的。

你肯定不知道！

的确有可能纺织蜘蛛丝。1709年蒙彼利埃的夏威尔·圣希拉里向法国研究院展示了几副由蜘蛛丝制成的手套，但据一位科学家的调查，半克蜘蛛丝需要用27 648只雌蜘蛛才可得到。但这并不能阻止更多的人试图纺织蛛丝，在20世纪90年代初期，美国国防部调查了这种可能性。原因是——蜘蛛丝很轻，强度很高并且弹性很好，是制作防弹衣的理想材料！

现在关于蜘蛛你知道得已经够多的了。

你敢和蜘蛛交朋友吗

试一试请蜘蛛来为你纺一些丝。

1. 把一个塑料水瓶切去一半。

2. 加进一半土壤和一根小树枝。

3. 现在找找你的蜘蛛吧。小屋和房子外面是寻找蜘蛛的好地方。如果你发现了一个蜘蛛网，那么蜘蛛很可能就在附近。一只蜘蛛就足够了。如果放进去两只，一只就会把另一只吃掉！温柔点儿——蜘蛛很容易受伤！

4. 把瓶子的两半用胶带粘起来。

5. 从瓶口给你的新朋友喂一些小苍蝇。

6. 检查一下，看看它是否纺丝或织网。如果它已经这样做了，那么就继续下去，并试着请它帮你织一副精美的蜘蛛丝手套。

叮人的虫子

对我们人类来说，昆虫最让人难以忍受的是它们喜欢叮人、吸血，还给我们传染上可怕的疾病。可能这就是人们把某一群昆虫称为"瘟疫"的原因。瘟疫是致命的疾病，在过去的1000年中，死于昆虫携带疾病的人比其他任何单一的原因引起死亡的人都要多，救命啊！

虫子罪犯

下面是一些主要罪犯。

疟疾蚊

性别：雌性。

习性：在产卵前吸血，雄蚊则喜欢植物的汁液。

武器：一根长长的尖嘴可以刺入人体内，还有一个起水泵作用的唾液枪用来防止血液凝固。

生活地点：全世界都有，经常出没于水边。

已知罪行：在热带国家，它的叮咬可传播感染疟疾的细菌，受害者发高烧，感觉忽冷忽热。每年可引起100万人死亡，有时还可以使我们得黄热病。

危险等级：小心点儿！有将近20亿人生活在受这种凶残的吸血者威胁的地区。

虱子

外形：1.5—3.5毫米长，没有翅膀。

武器：吸血管。

习性：吸血。

生活地点：藏在衣服的缝合处。

已知罪行：消化液中可能含有引起致命疾病——斑疹伤寒症的细菌。虱子用它的足抓伤人类的皮肤使细菌侵入。

危险等级：令人讨厌。但没什么，经常洗澡和换衣服就可治愈。

已知同伙：头虱，或者"虱卵"，生活在头发中。它们特别喜欢清洁的头发，从一个脑袋上快乐地跳到另一个脑袋上。

舌蝇

习性：吸血。一次可以吸多达其体重3倍的血。喜欢挑战——叮咬犀牛的皮肤。

生活地点：非洲的许多地方。

已知罪行：它的叮咬可传播引起昏睡病的细菌，这种可怕的疾病可引起发烧、无力和死亡。

危险等级：在非洲有5000万人受到这种舌蝇的威胁，还有数不清的牛、骆驼、骡子、马、驴、猪、山羊、绵羊……

本库卡臭虫

生活地点：南美洲。

习 性：在晚上爬到你的身上，并且用它尖锐的吸管刺入你的体内，吸一点儿血，然后在你打烂它之前就逃跑了。

已知罪行：传播南美洲锥虫病，结果——使人发烧和无力。

人类经过多年艰苦的研究才追捕到带来这些可怕疾病的罪犯，并制定出对策对付它们。

揭开疟疾的神秘面纱

19世纪，苏格兰诞生了一位科学家——帕特里克·曼森，他发现了蚊子是怎样传播疟疾的。

1. 1894年曼森遇到了印度医药部的罗纳德·罗斯。

你好，曼森。

我认为疟疾是由蚊子体内的小寄生虫引起的。

2. 于是罗斯就出发到印度去调查了。

3. 1897年，罗斯发现了一只蚊子体内的寄生虫。

我发现了！

4. 1900年，曼森想得到更多的证据。他派两个助手到一个充满蚊子的沼泽中生活了3个月。

这真的是个好主意吗？

瘟疫难题

有些疾病比疟疾更让人恐怖。你能把下面可怕的线索联系起来，找出病因吗？

1346年，来自东方的神秘病菌令其后6年内的2500万人死去。在英国，坎特伯雷的3个大主教在一年内相继死去。人们生活在"黑死病"的恐怖之中。

1855年，这种瘟疫来到了中国。1894年，它袭击了中国的港口，在香港，死亡的警钟长鸣。港口中塞满了各种蒸汽船。这些船又把瘟疫带到了日本、澳大利亚、南非和美国。这种瘟疫到达印度并在10年内杀死了600万人。

1898年，在孟买，巴斯德学院的保尔·路易斯·西蒙德医生是一个闷闷不乐的人。这位无畏的法国医生被派驻印度调查瘟疫的病因，他日日夜夜都与这个难题搏斗。在患病的城市中数以千计的人正处于垂死的状态。所有病者的腋窝下都有一个拳头大小的鼓包，随后就是高烧和死亡。为什么会这样？

西蒙德一天天巡视着肮脏的街道以寻找答案。他注意到每个地方都有死老鼠——一个屋子里有75只。在一个地方发现如此多的死老鼠是极其不寻常的。

它们一定死得相当快，但是是什么东西杀死了它们呢？而且为什么任何碰到老鼠的人好像都得了瘟疫倒下了呢？这些得瘟疫的老鼠好像比健康的老鼠有更多的跳蚤，而这种跳蚤也咬人。

季风带来的暴雨击打着临时实验室的帐篷。帐篷内，西蒙德冒着生命危险切开了死老鼠的身体，然后他有了一个戏剧性的发现。他在老鼠的血液里发现了已知能引起这种瘟疫的病菌。

但是在老鼠、跳蚤和人之间到底有着怎样残酷的联系呢？最后答案终于找到了。这个无畏的科学家解决了那个时代最可怕、最神秘的难题。那天晚上他在狂热的冲动中写下了日记。

但是，那些重要的联系是什么呢？

a）跳蚤咬了老鼠并使它得上了瘟疫，老鼠咬了人并传播了瘟疫。

b）跳蚤通过咬被感染的老鼠而得了瘟疫，而这只跳蚤再咬人并传播了瘟疫。

c）人被感染的跳蚤咬伤，感染瘟疫。被瘟疫折磨疯狂的人咬了老鼠并传播了瘟疫。

答案

b）得了瘟疫的跳蚤体内的病菌会一直繁殖下去，跳蚤咬了人，把大量病菌注入到人体内。

尽管西蒙德找到了答案，但又经过了20年，其他科学家才承认他是正确的。直到1914年，他们才完全明白发生在跳蚤身上的瘟疫会产生怎样的影响。人们已研制出预防瘟疫的疫苗，与杀虫剂和老鼠药一起，大大降低了发生流行性瘟疫的危险。

打败虫子

你可能很幸运，不会因虫子的叮咬而得可怕的疾病，但却很难避免被叮咬。下面就是一些危险的地带。

1. 床：白天，床上的虫子藏在缝隙中，晚上它们就出来寻找一顿午夜的血宴。

2. 河边：黑蝇在黎明和黄昏时刻开始袭击。

3. 黎明时的田野：扁虱可以潜伏在高草中。它们喜欢以狗作为正餐，但如果附近没有狗时，它们就以你为正餐。

4. 沼泽和湿地：上百万的蚊蠓飞来飞去寻找血液作为早餐。它们靠近你时，由于太小，你根本看不清它们，这就是为什么一些人称蚊蠓为"瞎眼蠓"。但当它们叮你时，你就知道它们的存在了。

一些你不想尝试的治疗方法

1. 舌蝇诱捕方法1

药方：养一头可爱的公牛。

注释：科学家发现可怕的舌蝇可以被臭气熏天的公牛所吸引。在津巴布韦，相似气味的化学物质被用以引诱成千的舌蝇进入有毒的布袋诱捕器中。

缺点：公牛的气味很难闻，而且你还得喂牛，上学也得带着它。

2. 舌蝇诱捕方法2

药方：一些发酵的木薯。

注释：在扎伊尔用木薯根制酒。这些杂乱的混合物产生的二氧化碳气体可引诱舌蝇致死。

缺点：人们可能会开始喝你的酒，这会引起令人难堪的情形——特别是在学校。

3. 床上虫子的捕猎者

药方：在你的床上放上一队残暴的蚂蚁大军。

注释：蚂蚁大军会吃掉所有的坏虫子。

缺点：可怎样去掉蚂蚁呢？试一试在你的被子上涂一些果酱，或者借一只食蚁兽。

太可怕了！

4. 叮人虫子的野餐会

药方：点燃一个真正有烟的大篝火。

先生，但这的确赶跑了虫子！

注释：大多数咬人的虫子都不喜欢烟。

缺点：不是明智之举。特别是不能在家里或学校里做。

5. 跳蚤战士

药方：用一些螨虫与跳蚤战斗。

哎哟！ 啪！ 哎哟！

注释：小小的螨虫可以在跳蚤身上大量滋生，就如同跳蚤在人体上滋生一样。你所要做的就是抓一只跳蚤并在它身上放一些小虫（你需要一个显微镜和一双平稳的手以操作这个过程）。

缺点：不能去除跳蚤。但确实可以让它们尝尝被叮咬的滋味。

6. 杀虫剂

药方：用DDT喷叮人的虫子。

DDT

注释：在20世纪40年代，这种杀虫剂被用于除掉美国南部和非洲部分地区以及南美洲的疟疾蚊。

缺点：到1950年，已经有两种蚊子对这种毒物有了免疫性。更坏的是，DDT还毒害吃虫子的动物，以及吃这些动物的动物。注意——人类每年还花费大量金钱用于发明新的杀虫剂。

你可能喜欢尝试的药方

一些芳香的植物油可以赶走昆虫，你可以从草药医生或天然化妆品商店买到这些油。你可以尝试在炎热的夏季夜晚用一下香茅油……

1. 滴几滴这种油在一小块潮湿的棉绒毛上。

2. 把这个棉绒毛放在屋内比较热的地方。

3. 当屋内充满香气的时候把窗子打开，看看哪个咬人的虫子胆敢进来！

哎哟！

你肯定不知道！

　　丑陋的虫子也会发明杀虫剂。传统的卫生球是由一种叫樟脑的草药制成的。很早以前人们就发现了樟脑，刺客虫以樟脑的种子为食并吐出樟脑泡沫。它们把卵产在泡沫中，而这些有害的草药气味使其他的虫子无计可施！

狡猾的伪装

对昆虫来说，对付那些如蜘蛛、鱼、蜥蜴、青蛙、蟾蜍、小哺乳动物以至于可恶的人类等一般的生物，似乎更容易一些。它们得把更多的时间花在虫子们之间相互躲藏和寻找对方上。当然这不是在做游戏。毕竟昆虫需要摄食，而它们也不想被吃掉。于是它们使用残酷的、狡猾的手段来欺骗敌人。

你肯定不知道！

可怕的捕猎者螳螂看上去好像在祈祷，它把前足举起来，等待可口的食物经过，它的前足有锯齿形的边缘，就像锯一样。螳螂会在仅仅1/12秒的时间里抓住虫子——然后咬掉它丑陋的小脑袋！

昆虫的逃生之策

如果你是一只昆虫，你现在还活着吗？测试一下吧，用你的逃生技术经历一下惊险的过程。

策略1：伪装成其他的东西

如果你已经看起来像其他什么东西，你显然就会处于有利的地位——而相当多的昆虫就是这样做的。下面这些普通的物体哪些可能是真正的昆虫呢？

a）一片树叶

b）一张糖纸

c）一段小树枝

d）一根木棒

e）一根植物的刺

f）鸟粪

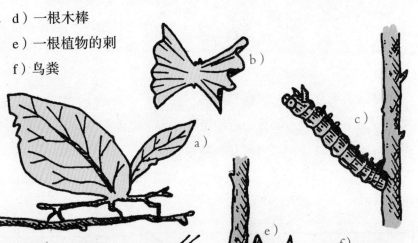

![答案]

　　　除 b）以外都可能是昆虫。你自己仔细看看：a）是一只日本树叶虫，c）是一只欧洲燕尾蛾毛虫，d）当然是一只木棒虫，e）是一只玫瑰刺树角蝉，f）是一只灰蝶毛虫。

策略2：融入你的环境

　　看上去像你周围的环境，保持不动，这样捕猎者就可能忽略你。例如，双翼透明的蝴蝶是看不到的——它有透明的翼，几乎不可能被发现。但你可能不是一只这么幸运的昆虫。例如，你怎么也不愿意成为可怜的老花斑蛾……

花斑蛾的问题

这种有小斑点的蛾子喜欢停留在同样有斑点的树上。太好了——可怕的捕猎者很难发现它们。可此后出现了工业污染，所有的树都变黑了。

以前　　　　　　　　　　　后来

突然间，蛾子变得像红肿的拇指那样突出，鸟儿们毫不费力地咀嚼上百万只蛾子。可仍有一些蛾子生存了下来——因为它们本来就有比较灰暗的颜色。

很久以来，黑蛾为了躲在有斑点的浅色树上不被发现而吃尽了苦头，突然间它们有了一个可以轻易躲藏在乌黑树皮上的光明未来。这种情况直到城市重新开始变得干净，树木开始变得清新为止。

策略3：聪明的诈骗

用一种危险的特征来伪装你自己，这样你就能利用欺骗而逃离危险。

1. 盘旋蝇是一些无害的小东西。如果它们不巧妙地伪装成黄蜂，就会成为那些丑陋臭虫的理想晚餐！透明翅蛾采用相似的策略，但它们是更好的诈骗家——它们还能制造音响效果！

2. 瓢虫味道可怕，而蘑菇甲虫却美味可口（如果你是另一只昆虫，你就知道了）。这就是甲虫会扮成瓢虫的原因了。

3. 一些蝴蝶甚至把自己伪装成其他种类的蝴蝶。在南美洲，有4种外表极其相似的蝴蝶。但其实只有一种蝴蝶吃起来味道很差，其余3种只是普通的模仿者。

4. 另一种能干的小骗子是鹰蛾毛虫。对毛虫来说它的头相当普通——但它的尾部看起来更像一条蛇的头！关于这点，看清楚很重要哦……

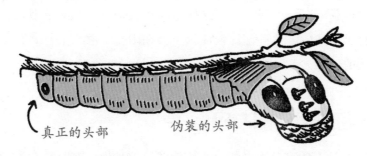

真正的头部　　　　　　伪装的头部 →

5. 非洲枯叶蟋蟀伪装巧妙，使它看起来就像一片枯叶。但有一个小小的问题。有些青蛙看上去也像一片枯叶——而这种"枯叶"最喜欢吃的点心就是那种枯叶——蟋蟀。

6. 最高明的欺骗家是银色天社蛾毛虫（脸像小猫）。看一看它丑陋的脸吧！你愿意在一个漆黑的、风雨交加的夜晚看到这样一张脸吗？你最好还是躲开这种残忍的"小猫"，因为它能够连同还没有消化完的晚餐一起吐出可怕的酸水。

策略4：恐怖的藏身处

避免被吃掉的一种好办法就是藏在可怕的地方。那样的话，没有谁能找到你，也没有谁愿意去找你！

例如，羽毛蛾毛虫躲藏在茅膏菜中。茅膏菜能吃昆虫，但是毛虫在它上面却很安全，还能吸取茅膏菜的黏性物，并偷吃它的昆虫茶点。

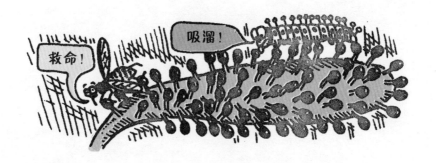

沫蝉躲藏在一堆泡沫中。这些泡沫看起来有点像肥皂泡，但却是它们自己制造的。这些泡沫使沫蝉不会在阳光下被晒干，并且还有令人讨厌的气味，可以阻止捕猎者。

你敢和沫蝉交朋友吗

1. 在早春的高草上寻找一小滴泡沫。这种泡沫有时被称为"布谷唾液"——你能猜出来为什么这样叫吗？

2. 轻轻地拂下泡沫你会发现一只小绿虫躲在下面。

3. 要仔细地观察它怎样从身体的后部吹出泡沫又将自己的身体覆盖住。沫蝉吸取植物的汁液并用其自身天然的泡沫制造器把它们搅拌起来生成泡沫。

好了，也许沫蝉并不想与你交朋友，但你不能不承认它具有魔鬼般的伪装。

丑陋的虫子与可怕的人类

自从远古的男人或女人第一次拍死一只蟑螂的那一天起，在丑虫子和人类之间就开始了一场永无休止的战争。这也是世界上已知的最大的一场战争。

你可能会认为人类比昆虫更具有优势，一个人比最大的昆虫还要大许多，所以人类可以轻易地踩扁昆虫。人类比昆虫更聪明（起码，大多数的人都是如此）。但如果你从人和昆虫各自的体型来看一看，情况就完全不同了。

虫子奥运会

跑步

冠军：有一种蟑螂在一秒钟内可以跑完其体长50倍的距离。

失败者：跑得最快的人要跑其体长50倍的距离（约80米），大概要花去9秒钟。

跳高

冠军：跳蚤可以跳30厘米高——是其自身高度的130倍。

失败者：一个人要与之相当，得在空中跳250米高！

跳远

冠军：跳蜘蛛可以跳其体长的40倍远。

亚军：蚱蜢能跳其自身长的20倍远。

失败者：要与之相当，人必须跳过公共汽车的9倍长！

人

昆虫

虚弱地起跳

举重

冠军：甲虫可以举起相当于其体重850倍重的物体。

失败者：要与之相当，一个人必须一次举起8辆公共汽车！

人

快把它们从我身上搬走！

昆虫

天花板行走

冠军：苍蝇。

失败者：人根本做不到这点。

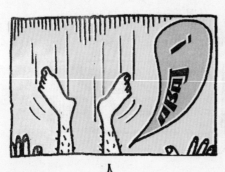

人

昆虫

5枚金牌都归我们昆虫喽！

可以肯定的是，人类在许多事情上是更优秀的。例如，建筑。我指的是——金字塔和圣保罗大教堂以及泰姬陵。丑陋的虫子可不能和我们相比……是这样吗？

你肯定不知道！

白蚁建筑巨大的巢，一个蚁巢得用11 750吨沙子。而白蚁需要一粒一粒把这些沙子堆起来并且用嘴把它们粘在一起！人类再一次被打败了！

但在这个星球上谁是最脏的、最贪婪的和最有破坏性的生物——丑陋的虫子还是可怕的人类呢？你可能会发现在二者之间很难选择。

肮脏的苍蝇

它们从不放弃。不管你把它们赶出窗外多少次，它们总要飞回来。

噓！

1. 大苍蝇喜欢吃腐烂的肉和动物的粪便。它们在腐烂的肉中产卵，甚至在你的周末大餐上做一些可怕的事情。

烤鸡——几乎与鸡粪一样可口！

2. 普通家蝇有一些不普通的进餐礼仪。它们不被邀请就爬上餐桌并在食物上呕吐。然后它就可能带来30多种已知的致命疾病。

可怕的人类

人类也十分固执。一旦他们决定做什么事就一定要做到，即使以毁灭地球为代价也在所不惜。

1. 人类是唯一随意破坏他们周围环境的动物。为了建筑他们自己的东西，人类每秒钟要毁坏一公顷森林、草地或湿地。人类每年烧掉的雨林面积相当于一个英国的大小。

2. 人类还用垃圾和危险的化学物质污染着世界。每天人们向大海中倾倒270亿吨垃圾。

3. 人类是屠杀者。每天的每一个小时都会有一种活的植物或动物因为人的破坏和环境的污染而完全灭绝。

人类的反击

人类日复一日地发动着对抗昆虫的战争，他们用尽了他们拥有的每一种武器。但他们也发现了昆虫和其他丑虫子的一些令人吃惊的可怕用途。

令人作呕的食谱

如果你不能除掉丑虫子，你总可以吃掉它们。全世界有上百万聪明人在吃虫子。你想尝一尝这些食物吗？

小 菜

盐炸白蚁

一道非洲的菜肴。味道有点儿像油炸猪肉皮、花生和土豆片的混合物！

莱斯卡古特（蜗牛）

这是法国的传统佳肴。用开水煮并用蒜、黄油、葱、盐、胡椒和柠檬汁烹调，再加上香菜。味道很好！

炸木蠹蛾幼虫

地道的澳大利亚佳肴——一种木蛾的幼虫。这道菜看上去有点儿像意大利面，油炸后就膨胀起来，味道好极了！

主 餐

炒蚕蛹

这是一道传统的中国菜，用蒜、姜、辣椒和酱油烹调而成。有热乎乎的奶油蛋糕味。把外面的壳扔掉。对高血压病人来说是一种很好的食物。

烤长角木甲虫

可口、酥脆并且有木香味。南美洲的土著人烧着吃。

油炸摩洛哥蚱蜢

用辣椒、盐和切成段的香菜煮食，然后加一点儿醋用油炸。你也可以生吃它们。

蓝腿长毛蛛

一道流行于老挝的菜肴。加一些盐或红辣椒进行烧烤。味道有点儿像小鸡骨头的骨髓。

甜　点

墨西哥蜜罐蚁

　　一种香甜可口、有点儿黏的甜点。

烤蜜蜂和黄蜂幼虫

　　来自英国萨默塞特郡的一个古老食谱。把多汁的幼虫放在又热又黏的蜂房中烘烤。

餐后用品

　　试一根由长毛蜘蛛牙齿制成的牙签，如委内瑞拉皮埃洛地区的人们用的那种。

丑陋的虫子与可怕的人类之间的争论

对每一种争论都存在两种观点，这对于丑陋的虫子与人类间的争论当然也适用。以你自己的观点，你最同情谁——丑陋的虫子还是可怕的人类？

人类的观点	丑虫子的观点
丑陋的虫子叮咬我们。	人类诱捕我们，毒害我们并拿我们做实验。
丑陋的虫子吃我们的农作物。	人类破坏了我们取食的植物而密密麻麻地种上他们的食物，所以我们没有可以吃的，只好吃农作物了。
丑陋的虫子爬进我们的家里。	人类毁坏了我们的家。
丑陋的虫子传播疾病。	人类四处倾倒污染物和垃圾。
丑陋的虫子毁坏了我们的家具。	对我们来说那只是木头。
丑陋的虫子使我们花钱。	谁在乎钱？
丑陋的虫子糟蹋我们的财产。	谁关心财产？

121

丑陋的虫子仅仅想要一些我们也需要的东西——好的食物以及生存的地方。

当虫子喜欢的食物与你喜欢的食物一样，而它们生活的地方就是你的床时，问题就出现了。

丑陋的事实

你认为人类是丑虫子最致命的敌人，那你就错了。丑虫子最致命的敌人是另一些丑虫子。如果没有瓢虫，蚜虫就会泛滥成灾；如果没有蜘蛛，我们就不得不苦于应付苍蝇。

去除一种丑虫子的最好方法是让另一种丑虫子把它们消灭。当一种毛茸茸的昆虫侵入加利福尼亚州时，它们吃掉了全部的果树。直到人们引进了一种瓢虫，才控制住这些害虫。

你还记得那些关于昆虫的可怕数字吗？它们还有无数的后代呢。你应该知道，每年被蜘蛛吃掉的昆虫重量比地球上所有人重量的总和还多得多。而且，如果昆虫的确是我们的敌人，你认为我们会有胜算吗？毫无希望。不要忘记这个事实，100万只虫子对付我们一个——我们连做梦都想象不到的可怕的事情，丑虫子都完全做得出！

但丑虫子还有它的另一面。所有的丑虫子都极其令人难以置信，也非常有趣。更让人吃惊的是一些丑虫子对人们来说是极其有用的。

我们依靠丑虫子来保护农作物，依靠它们吃光腐烂的植物垃圾。没有它们，我们就没有了蜂蜜，没有了萤火虫灯笼，没有了丝绸，没有了珠宝甲虫，也没有了漂亮的蝴蝶。也得承认，我们可能也摆脱了瘟疫，挽回了被啃掉一半的蔬菜。丑虫子使世界变得糟糕，但它们同时也使世界变得更美好。这就是真正丑陋的虫子！

疯狂测试

现在就看看你是不是虫子专家！

分辨昆虫

你知道怎么分辨蛾子、千足虫、蟋蟀和蟑螂吗？做做这个小测试，看看你会成为天才的昆虫学家还是迷迷糊糊的昆虫盲。

1. 如何区分蠼螋的雌雄？

a）雄蠼螋的螯是弯的，雌蠼螋的螯是直的

b）雄蠼螋有4对腿，雌蠼螋只有3对腿

c）雌蠼螋的睫毛更长

2. 下面哪种讨厌的昆虫追踪同类的足迹？

a）苍蝇

b）蚱蜢

c）蚂蚁

3. 下面哪种生物属于螺类？

a）狗

b）蜘蛛

c）蜗牛

4. 如何区分蜈蚣和千足虫？

a）蜈蚣有100只腿，千足虫有1000只腿

b）蜈蚣的每个体节上有2只腿，千足虫的每个体节上有4只腿

c）蜈蚣有1厘米长，千足虫只有1毫米长

5. 以下哪个家伙与鼻涕虫属于同一科？

a）章鱼

b）蜘蛛

c）毛虫

6. 以下哪两种昆虫由女王统领？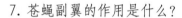

a）蚂蚁和蜜蜂

b）蚂蚁和甲虫

c）蚂蚁和跳蚤

7. 苍蝇副翼的作用是什么？

a）飞行（当然啦）

b）保持平衡

c）避开掠食者

8. 哪种昆虫是从蛹蜕变的？

a）毛毛虫

b）蝴蝶

c）蜜蜂

 答 案

1. a）；2. c）；3. c）；4. b）；5. a）；6. a）；7. b）；8. b）。

神秘的交配仪式

虫子为了吸引配偶，或是唱首动听的歌，或是跳支优美的舞。昆虫世界还有许多耸人听闻的求偶习惯，下面哪些是真，哪些是假？

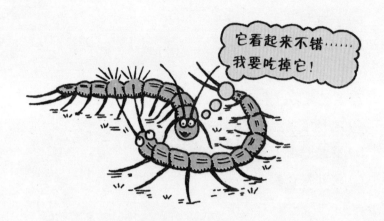

1. 雄千足虫以头撞地来吸引异性。

2. 竹节虫不需要交配就能产卵。

3. 雄蚁每年交配4次。

4. 蚱蜢通过摩擦触角来吸引异性。

5. 蜻蜓边飞行边进行交配。

6. 螳螂会吃掉配偶。

7. 雄性印度月亮蛾能嗅到5千米外的雌性印度月亮蛾。

8. 和蜂后交配的雄蜂会成为整个蜂巢的蜂王。

答案

1. 真。

2. 假——但是雄性竹节虫很难找到配偶，因为它们的视觉和嗅觉都很差，而雌性竹节虫会伪装成树枝。

　　3. 假——雄蚁只有在交配季节才会孵化成形。

　　4. 假——它们会摩擦后腿，在温暖的地方经常会听到这种声音。

　　5. 真。

　　6. 真——但是它们是因为看起来像是做祈祷而得名，并不是因为它们会以配偶为食。

　　7. 真。

　　8. 假——雄蜂在与蜂后交配后就会死掉。

残忍的进食

　　有的虫子湿滑，有的黏糊，有的带刺，有的带刮痕，它们的进食习惯更是让人作呕。看看你能否将下面的虫子和它们喜欢的污秽食物配对。

　　1. 水蛭

　　2. 蜈蚣

3. 土鳖

4. 墓地甲虫

5. 黑寡妇蜘蛛

6. 骷髅鹰蛾

7. 收割蚁

8. 蟑螂

a）霉

b）面包

c）血

d）配偶

e）千足虫

f）蜂蜜

g）它们什么都吃，但是不喜欢那种会把眼睛弄疼的肥皂

h）尸体

1. c）；2. e）；3. a）；4. h）；5. d）；6. f）；7. b）；8. g）。

狂热的自然主义者

自然主义者走遍世界去寻找各种大小形状不同的生物。以下这封信可能出自一位勇敢的猎虫者之手，信被海水浸过后有点模糊，你能填出空缺的词吗？

亲爱的妈妈：

在这漫长的旅程中，我很想家，更别提晕船时的难受劲了。但我真是大开眼界！我来到这里最先看到的是一个圆锥形的构造，结果发现那是（1）_____的巢穴。我认真地研究这些生物，它们的身体分为3部分，中部连着（2）_____对腿，这部分叫做（3）_____。它们很有意思，像士兵一样保卫着它们的城堡，当我靠近的时候，它们就刺我，真疼啊。

接着，我走进了树林，似乎所到之处都有奇特而有趣的生物。我看到一个发着微光的（4）_____，还有一群奇怪的像是穿了层盔甲的昆虫。我叫它们（5）_____，因为我是在木头底下发现它们的。还有一些甲虫把（6）_____滚成球状，似乎它们以此为食。还有蜘蛛，它们个头都很大，（7）_____只腿上都覆盖着绒毛！我还看到了一只（8）_____破蛹而出。太精彩了！

我得停笔了。我刚才在池塘里洗了个冷水澡，现在有一堆斑点一样的虫子围着我，好像在吸我的血……

您的儿子
查尔斯

a）3

b）蜻蜓

c）粪便

d）蝴蝶

e）木虱

f）蚂蚁

g）8

h）胸腔

1. f）；2. a）；3. h）；4. d）；5. e）；6. c）；7. g）；8. d）。

"经典科学"系列（26册）

肚子里的恶心事儿
丑陋的虫子
显微镜下的怪物
动物惊奇
植物的咒语
臭屁的大脑
神奇的肢体碎片
身体使用手册
杀人疾病全记录
进化之谜
时间揭秘
触电惊魂
力的惊险故事
声音的魔力
神秘莫测的光
能量怪物
化学也疯狂
受苦受难的科学家
改变世界的科学实验
魔鬼头脑训练营
"末日"来临
鏖战飞行
目瞪口呆话发明
动物的狩猎绝招
恐怖的实验
致命毒药

"经典数学"系列（12册）

要命的数学
特别要命的数学
绝望的分数
你真的会十一×÷吗
数字——破解万物的钥匙
逃不出的怪圈——圆和其他图形
寻找你的幸运星——概率的秘密
测来测去——长度、面积和体积
数学头脑训练营
玩转几何
代数任我行
超级公式

"科学新知"系列（17册）

破案术大全
墓室里的秘密
密码全攻略
外星人的疯狂旅行
魔术全揭秘
超级建筑
超能电脑
电影特技魔法秀
街上流行机器人
美妙的电影
我为音乐狂
巧克力秘闻
神奇的互联网
太空旅行记
消逝的恐龙
艺术家的魔法秀
不为人知的奥运故事

"自然探秘"系列（12册）

惊险南北极
地震了！快跑！
发威的火山
愤怒的河流
绝顶探险
杀人风暴
死亡沙漠
无情的海洋
雨林深处
勇敢者大冒险
鬼怪之湖
荒野之岛

"体验课堂"系列（4册）

体验丛林
体验沙漠
体验鲨鱼
体验宇宙

"中国特辑"系列（1册）

谁来拯救地球

"经典科学" 系列（26册）

肚子里的恶心事儿
丑陋的虫子
显微镜下的怪物
动物惊奇
植物的咒语
臭屁的大脑
神奇的肢体碎片
身体使用手册
杀人疾病全记录
进化之谜
时间揭秘
触电惊魂
力的惊险故事
声音的魔力
神秘莫测的光
能量怪物
化学也疯狂
受苦受难的科学家
改变世界的科学实验
魔鬼头脑训练营
"末日"来临
鏖战飞行
目瞪口呆话发明
动物的狩猎绝招
恐怖的实验
致命毒药

"经典数学" 系列（12册）

要命的数学
特别要命的数学
绝望的分数
你真的会＋－×÷吗
数字——破解万物的钥匙
逃不出的怪圈——圆和其他图形
寻找你的幸运星——概率的秘密
测来测去——长度、面积和体积
数学头脑训练营
玩转几何
代数任我行
超级公式

"科学新知" 系列（17册）

破案术大全
墓室里的秘密
密码全攻略
外星人的疯狂旅行
魔术全揭秘
超级建筑
超能电脑
电影特技魔法秀
街上流行机器人
美妙的电影
我为音乐狂
巧克力秘闻
神奇的互联网
太空旅行记
消逝的恐龙
艺术家的魔法秀
不为人知的奥运故事

"自然探秘" 系列（12册）

惊险南北极
地震了！快跑！
发威的火山
愤怒的河流
绝顶探险
杀人风暴
死亡沙漠
无情的海洋
雨林深处
勇敢者大冒险
鬼怪之湖
荒野之岛

"体验课堂" 系列（4册）

体验丛林
体验沙漠
体验鲨鱼
体验宇宙

"中国特辑" 系列（1册）

谁来拯救地球